Best wishes for the future of your work with animation students

Gary Mairs

祝愿动画学生的作品拥有美好的未来！

盖瑞·梅尔斯

美国籍。美国加州艺术学院电影学院院长、电影导演工作坊创办人之一。在电影界有多年的创作经验。曾导演和监制电影短片《醒梦》(2007)、《说出它》(2008)、《海明威的夜晚》(2009)，担任官方纪录片《出神入化：电影剪辑的魔力》(2004)的艺术指导。在线上专业杂志包括《摄影机的低架》、《烂番茄》。发表多篇专业论文，著作有《被控对称性：詹姆斯·班宁的风景电影》。

盖瑞·梅尔斯（Gary Mairs）

培养中国动画精英

孙立军

北京电影学院动画学院院长、教授。

现任国家扶持动漫产业专家组原创组负责人、中国动画学会副会长、中国电视艺术家协会卡通艺术委员会常务理事、中国成人教育协会培训中心动漫游培训基地专家委员会主任委员、中国软件学会游戏分会副会长、中国东方文化研究会漫画分会理事长、国际动画教育联盟主席、微软亚洲研究院客座研究员、北京电影学院动画艺术研究所所长。

主要作品有：漫画《风》，动画短片《小螺号》、《好邻居》，动画系列片《三只小狐狸》、《越野赛》、《浑元》、《西西瓜瓜历险记》，动画电影《小兵张嘎》、《欢笑满屋》等。

曾担任中国中央电视台少儿频道动画片、"金童奖"、"金鹰奖"、"华表奖"、汉城国际动画电影节、2008奥运吉祥物设计、世界漫画大会"学院奖"等奖项的评委。曾获中国政府华表奖优秀动画片奖、中国电影金鸡奖最佳美术片奖提名等奖项。

with head and
hands ...
all the best to
Animation students
keep animating!
Robi Engler

祝愿所有学习动画的学生，用你们的
头脑和双手，创作出优秀的作品！

罗比·恩格勒

瑞士籍。1975年创办"想象动画工作室"，致力于动画电视与影院长片创作，并热衷动画教育，于欧、亚、非三洲客座教学数年。著有《动画电影工作室》一书，并被翻译成四国语言。

罗比·恩格勒（Robi Engler）

THE FUTURE OF
ANIMATION IN CHINA
IS IN THE HANDS
OF YOUNG TALENT
LIKE YOURSELVES.
TOMORROW'S LEGENDS
ARE BORN TODAY!
CHEERS,

Kevin D.

KEVIN GEIGER
WALT DISNEY
ANIMATION

中国动画的未来掌握在年轻人手中，就如同你们自己。今天的你们必将成为明天的传奇！

凯文·盖格

美国籍。现任北京电影学院客座教授。曾担任迪斯尼动画电影公司电脑动画以及技术总监、加州艺术学院电影学院实验动画系副教授。在好莱坞动画和特效产业有将近15年的技术、艺术和组织方面的经验，并担任Animation Options动画专业咨询公司总裁、Simplistic Pictures动画制作公司得奖动画的制片人、非营利组织"Animation Co-op"的导演。

凯文·盖格（Kevin Geiger）

Maya 游戏设计

——Maya和Mudbox 建模与贴图技术

[美] 迈克尔·英格拉夏　编著

朱方胜　袁晓莉　顾昕明　译

中国科学技术出版社

·北　京·

图书在版编目(CIP)数据

Maya游戏设计：Maya和Mudbox建模与贴图技术 ／〔美〕英格拉夏编著；朱方胜，袁晓莉，顾昕明译. —北京：中国科学技术出版社，2011

书名原文：Maya for Games modeling and texturing techniques with maya and mudbox
（优秀动漫游系列教材）

ISBN 978-7-5046-5435-9

Ⅰ.①M… Ⅱ.①英…②朱…③袁④顾 Ⅲ.①三维动画软件，Maya—教材

Ⅳ.①TP391·41

中国版本图书馆CIP数据核字（2010）第114801号

Original Title: Maya for Games modeling and texturing techniques with maya and mudbox, 1e
Author: Michael Ingrassia
ISBN：978-0-240-81064-5
Copyright © 2009, elsevier inc. All rights reserved.
ISBN：978-9-812-72542-4
Copyright© 2011 by Elsevier (Singapore) Pte Ltd. All rights reserved.

本书简体版由Elsevier（Singapore）Pte Ltd.授权中国科学技术出版社在中华人民共和国境内（不包括香港、澳门特别行政区以及台湾地区）发行与销售。未经许可之出口，视为违反著作权法，将受法律之制裁。

本书封底贴有Elsevier 防伪标签，无标签者不得销售。

本社图书贴有防伪标志，未贴为盗版

著作合同登记号：01-2010-0264

出 版 人 苏　青
策划编辑 肖　叶
责任编辑 胡　萍　齐　宇
封面设计 阳　光
责任校对 张林娜
责任印制 马宇晨
法律顾问 宋润君

中国科学技术出版社出版
北京市海淀区中关村南大街16号 邮政编码：100081
电话:010-62173865 传真:010-62179148
http://www.cspbooks.com.cn
科学普及出版社发行部发行
北京盛通印刷股份有限公司印刷
＊
开本:700毫米×1000毫米 1/16 印张:24.25 字数:430千字
2011年9月第1版 2011年9月第1次印刷
ISBN 978-7-5046-5435-9/TP·384
印数:1-4500册 定价:88.00元（配DVD一张）

前　言

本书的缘起

欢迎使用此书

感谢你选择这本书，依我看来，本书是目前次世代建模和3D游戏艺术技巧类书中最好的书籍之一。我想花一点时间讲几句关于本书的目的和你能从中学到什么的话。许多年前，当我还是3D的新手并且正在学习Studio Max的时候，我拿到了一本书，简直难以置信，这本书的每个章节都深深地启发了我，将我带进了一个寻根探源的殿堂。我从这本书中学到了很多很多，至今还未找到像它这样的好书。作为一个资深的3D艺术家和专业Maya讲师，我一直期待有一本结构良好的Maya建模书作为培养学生的教材。另外，一段时间以来，其他老师也表达了同样的愿望。因此，有幸能写这本书，我感到很兴奋，希望借这个机会对培养3D艺术家做些特殊的贡献。

我喜欢用Maya工作的原因

正如其他3D应用程序，Maya只是一个工具——一个强大的工具，但仍然只是一个工具。米开朗基罗拿着手中的画笔，他将绘制的是西斯廷教堂的穹顶画。而把同样的画笔拿在技术低劣的某人手中，他将涂刷的是房子。铸就伟大的3D艺术靠的是人的技能，而不是工具。

我提出这一点是因为无论你喜欢3D程序与否，这本书里的知识与技巧都将让你成为一个更好的3D艺术家。但令众多3D艺术家如此中意的是其易用性，用户自定义功能，和由此带来的速度。而自定义工具架、MEL或Maya的扩展语言脚本、键盘快捷方式等正是Maya的核心力量。

一旦你能得心应手地使用Maya，你将建立一系列日常使用的自定义工具。这些工具和定制功能便是Maya使用如此自如且具有魅力的地方。它是一个功能强大的程序，当你熟悉它的工作原理，从中更好地了解其潜力时，你将更加痛快淋漓地使用它。

因此在前进时，请谨记，这本书的目标是培养那些具有不同技能和对Maya有着渴望的广泛人群。在本书的最后，我可以向你们保证，所有的读者将会对游戏和电影行业中采用的许多3D制作过程有更深入的理解，而这些步骤过程都是我在过去10年中常常用到的。

如何有效地使用本书

以下关于本书的评论值得一读，尤其是当你在书店浏览此书的时候。这一页将有助于你深刻地理解我的教学理念和激情四射的方法。

本书不是关于……

首先，这本书并不是有关Maya所有工具和技能的体例完备的圣经。它不打算涉及所有建模工具或技术。Maya是一个深入且广泛应用的软件。许多工具和能力在于它的力量，但是如果在此全盘讨论，那么将占去本书多半的篇幅，并且介绍每个工具功能的参考书，对于用户来说是无聊透顶的。因此，在本书涉及太多且毫无必要的工具信息，势必有百害而无一利，坦白地讲，我在3D游戏艺术的职业生涯中还不曾用到那些工具。

循序渐进的课程

当我们透过这本书有所提高的时候，我会逐渐启发你自己思考、探索。一开始你会发现我的说明详尽细致，但为了避免累赘，后来提及的重复工具并没有说明位置，因为这一点你已经知道了。因为以线性的方式从头至尾研习本书是至关重要的。不要把它作为一本随意的指导书，而要当成是你每天跟随我学习的教学课程。最终，随着我的脚步，你们将会对Maya、建模和3D技术有深入的理解。

不同的Maya版本是否可用此书

六个字：自定义工具架。本书的读者会发现，我解说的所有工具和技术都适用于至Maya 2008的任何版本。因为我们将创建自定义工具架，所有必要的工具，无论它们在Maya菜单的什么位置，都要设置妥当。在更新版本中，某些功能已被更改或删除，但为数很少，不至于引起混乱或在本书中很快过时。我的目标是在本书中建立一个完善的训练课程，我觉得我已经成功地这样做了。

其他的3D应用程序是否可用此书

如果你的3D应用软件恰巧不是Maya，那也无须担心。我在Maya中用过的许多工具与其他应用软件中的工具很相似，比如Max。这些工具可能有不同的名称，但大多数执行相同或类似的功能。可以尝试一下这本书。我坚信你一定能找到有关3D技术的有益并且丰富的资源。

简化冗余

整本书撰写的另一原则就是避免重复同样的工具和技术。随着每一新课程的推进，我相应地添加了更多的工具和方法，但也刻意避免"单击这里要做什么"的以往传统的著书方式。在本书的结尾，你会注意到课程很少教你每一步骤的细节，而是向你展示在哪里运用你正获得的新技能。经验较丰富的3D用户将会在这些课程的学习中耳目一新，变通豁然。

本书面向的读者

如果你是一个初学者，那么你走运了！这本书会让你爱不释手，因为这里所呈现的技术将帮助你成长为一个合格的建模师。

而如果你是一个中等程度想晋级为高手的3D艺术家，那么你会深感庆幸！有人再三问我，为什么如今市场上所有图书都在重复相同且沉闷的基础课程。我不能苟同。这就是我着手写这本书的原因，我深知自己的许多优秀技术都是在过去的10年间，从各大工作室的工作中学到和磨练出来的。做为一个建模师，我认为这样一本独一无二、探求方法的财富书，会使你的工作更加顺利，也许会更加有趣。

我敢保证，你会像家犬似的捍卫这本书。同事或是同学路过你的书桌，拿起来随手翻翻，你将凶猛地咆哮不止——不管怎样，这是我的梦想。

勇往直前，志在必得

勇往直前！不要怕犯错误，因为你行。我们都是这样过来的。即便我专职从事3D艺术多年，也仍在不断地学习和理解如何使下一次"变得更好"。这就是为什么3D建模是如此有趣，因为它彻头彻尾充满挑战。拿出你最好的状态，不要怕模型报废而重新开始。记住，这就是你要学的。我有很多朋友都经历了这些过程，包括那些有经验的3D老手，和刚上路的3D、Maya新手。在这里，他们也向我提供了宝贵的反馈意见，比如有关领域需要更多的解释以及补充屏幕截图等方面。我坚信这本书是最好的3D建模著作之一，它将成为你难以割舍的案头书。

3D业 老将

迈克尔·英格拉夏

目 录

第一章
Maya基础知识：用户界面

$\mathbf{M}$aya的用户界面乍一看确实有点恐怖。一次竟要显示那么多的信息！然而一旦了解了它的基本组成部分和彼此间的关系，你就会意识到很容易将其应用于学习中。虽然我不会花时间来解释所有的工具、菜单和可用的选择，但是Maya的帮助文档（Maya Help）会提供你想知道的一切（F1热键）。

让我们用颜色码的形式来看一看整个界面：

TOP MENU BAR（顶部菜单栏）

Maya界面把菜单划分为菜单组，比如Polygons（多边形）、Animation（动画）、Rendering（渲染）等。无论处于哪个菜单组，顶部的菜单栏都会显示许多可用的下拉菜单，并且从File（文件）到Window（窗口）的菜单始终不变。这些都是通用工具，你会在整个工作过程中使用到。

STATUS LINE（状态行）

状态行选择不同的菜单组，菜单会有所改变。对于建模，我本人并不经常使用这一行，除了Rendering（渲染）。Maya的文档将解释所有的按钮和它们的用途。

SHELF（工具架）

工具架是本书工作的生命线。在此，更为重要的是创建自定义工具架，我们将设置一些常用的工具。

TOOL BOX（工具框）

该工具框依然是我很少使用的，因为一旦你非常熟悉热键，此框的很多工具就可以通过热键访问。

VIEWPORT（视图区）

视图区是显示制作对象的面板。视图菜单里有多种显示方式。例如，你可以从一个面板切换到四个面板之间的任意视图。也可以显示网格线框，用去除网格或拖动分隔线等方式调整视图。因此，强烈推荐通过视图区浏览Maya文档。

CHANNEL/LAYER BOX（通道/图层框）

通道框可以显示所选对象的有关信息。其中的Inputs（输入）菜单提供了更加重要和经常使用的信息。图层框使用户在整个制作过程中，有效地分离、隐藏和组织对象。例如，你可以把一个场景中所有的灯光保存在一个图层中，而把场景中其他对象归组到另一图层等。

ANIMATION TIME SLIDER（动画时间滑块）

滑块可以使用户在动画中控制时间和设置关键帧。在附加的一章里我们会对它作简要介绍，具体在为模型建造动画转盘一课。

COMMAND LINE（命令行）

对于输入MEL脚本命令和编辑灵活的脚本，命令行非常有用。

HELP LINE（帮助行）

当完成某个操作或出现问题时，帮助行会提示意见。

▦ Maya 基础：设置参数

自定义参数的设置

　　Maya的很多参数是可以改变的。我发现每天的工作流程中一个十分有益的修改就是变换从Center（中心）到Whole Face（整个面）的面。我宁愿选择属性窗口不停地弹出，也不愿填写那恼人的通道区域。我还强烈推荐无限更改的Undo（撤销），你可以在一个项目中随意撤销。最后，我们只要打开Border Edges（边界边缘）高光显示，就会较容易地看到本书教你制作的那些网格对象的边缘。

从中心到整个面的选择

　　你会发现此功能非常有益。基本上，我们将移动像素，光标需要选择一个网格面并且用整个面来替换它，所以现在你可以选择所处区域的任意一个面：

- 选择Window/Settings/Preferences（窗口/设置/参数）。
- 选择Preferences（参数）。
- 点击Selection（选择）。
- 在Polygons Selection（多边形选择），选择Whole Face（整个界面）。

属性窗口

现在，何时你想查看一个对象的属性（包含有价值的全部信息），在右侧面板的通道控制中会嵌入窗口的预设。它会随着你不断的工作而令人丧气地持续改变。因此，我可以把一个有Attribute Editor（属性编辑器）的独立窗口最小化，这样就可以继续工作并且能够随时查看它：

- 在Preferences/Categorise（参数/种类），选择Interface（界面）。
- 打开 Attribute Editor（属性编辑器），选择In Separate Window(单独窗口)。
- 打开 Tool Settings（工具设置）和Layer Editor（图层编辑器）同样选择In Separate Window。

无限的撤销

在制作一个项目时，这个不言自明的选项能使你撤销错误：

- 在Preferences/Categorise（参数/种类），选择Undo（撤销）。
- 在Queue（缓存），选择Infinite（无限）。

打开边界边缘的高光

在建模的过程中，有时难以清晰地看到边缘。如果打开高光的功能，你会较快地发现这些边缘：

- 在Preferences/Categorise（参数/种类），选择Polygons（多边形）。
- 在Polygons Display/Highlight（多边形显示/高光），选择Border Edges（边界边缘）。

你可以执行以下命令增加边缘厚度：

- 选择Polygons Display/Edges Width（多边形显示/边缘宽度）。

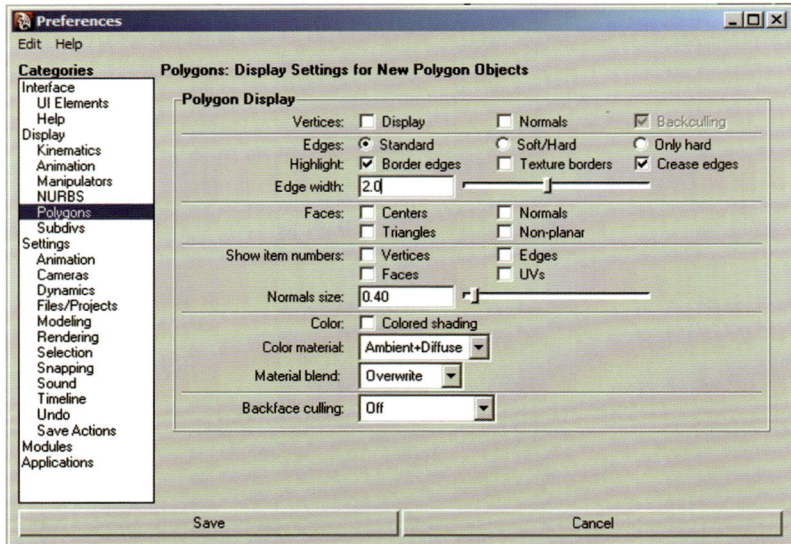

> **重要提醒：在完成这些更改后，请务必选择Preferences窗口底部的Save（保存）。**

插件管理器

因为我们正在设置参数，所以还得确保Plug-In-Manager（插件管理器）方面的一些事情。我们必须保证.OBJ模型文件能够导出和导入：

- 选择Window/Settings/Preferences。
- 选择Plug-IN Manager。
- 在ObjExport.mll，同时检查Loaded（加载插件）和Auto Load（自动加载）。

Window Select Mesh Edit Mesh Proxy Normals Color Cr

General Editors ▶
Rendering Editors ▶
Animation Editors ▶
Relationship Editors ▶
Settings/Preferences ▶ — Preferences
         Tool Settings
         Performance Settings

Attribute Editor   Hotkey Editor
Outliner   Color Settings
Hypergraph: Hierarchy   Marking Menu Editor
Hypergraph: Connections   Shelf Editor
         Panel Editor
Paint Effects
UV Texture Editor   Plug-in Manager

Playblast

View Arrangement ▶
Saved Layouts ▶
Save Current Layout...

Frame All in All Views   A
Frame Selection in All Views   F

Minimize Application
Raise Main Window
Raise Application Windows

▦ Maya 基础：热键

  Maya的热键能够使用户迅速地开展工作。以下列出的都是我常用一些键。在我日常建模的工作流程中这些热键功不可殁。

热键

Manipulators（操纵器）

Q：Hide Manipulator tool（隐藏操纵器）

W：Translate（移动拉伸或复制）

E：Rotate（旋转）

R：Scale（缩放）

Object Views（对象视图）

4：Wireframe mode（线框模式显示）

5：Shade mode（实体模式显示）

6：Textured mode（纹理模式显示）

7：Lit mode（灯光模式显示）

Maya帮助

f1：Maya Help/Search（Maya 帮助/查找）

Working Modes（工作模块）

f2：Animation（动画）

f3：Modeling（建模）

f4：Dynamics（动力学）

f5：Rendering（渲染）

Selection Mode（选择模块）

f8：Switches to /from Edit and Object modes（切换物体/成分编辑模式）

alt/Arrow：Moves selection 1 pixel（选择方向移动一个像素）

Arrow：Pick walking through vertices（选择穿过顶点）

Z or ctrl/Z：Undo（撤销）

Shift/Z：Redo（重复）

X：Snap to Grid（吸附到网格）

C：Snap to Line/Edge（吸附到线/边缘）

V：Snap to Vertice（吸附到多边形的顶点）

F：Frame camera to selection in viewport（摄像机视图最大化显示选择）

A：Frame camera to all objects in viewport（摄像机视图最大化显示所有）

G：Redo last command（恢复上一次操作）

Y：End tool but remain selected（可以选择最后使用的工具）

B：Adjust brush size（调节笔刷尺寸）

P：Parent（建立父物体）

ctrl/D：Duplicate（复制）

ctrl /G：Group（组群）

ctrl /N：New Scene（建立新场景）

ctrl /S：Save Scene（保存场景）

▦ Maya 基础：创建Custom Tool Shelf (自定义工具架)

简要说明每个工具的功能

Create Poly Sphere 创建多边形球体工具，创建默认球体。

Create Poly Cube 创建多边形立方体工具，创建默认立方体。

Create Poly Cylinder 创建多边形圆柱体工具，创建默认圆柱体。

Create Poly Plane 创建多边形平面工具，创建默认平面。

Create Polygon Tool 创建多边形工具，覆盖整个形状。

Extrude 挤压工具，挤压拉伸面或边缘来增加其深度或厚度。

Split Poly 分割多边形工具，把现有的面分割为多个面。

Merge Vertice 合并顶点工具，清理敞开的面。

Combine 结合工具，将两个或多个多边形结合成一个对象。

Insert Edge Loop 插入边缘循环工具，增加新的边缘使对象分裂。

Append to Poly 增补多边形工具，修整有缺口的面。

Fill Hole 补洞工具，快速填补有缺口的面。

Soften Edge 柔化修改工具，为平滑曲线柔化边缘。

Harden Edge 硬化修改工具，使锋利的棱角变硬。

UV Tex Ed UV 纹理编辑器，观看或清除为纹理而创建的UV点。

Center Pivot 中心枢轴工具，枢纽自动地置于对象中心。

Delete History 删除历史工具，删除旧的程序，以减少内存。

Hypershade 超级着色器，建立着色器，将材质运用于对象。

创建自定义工具架

　　为了在工作流程中我们更加快捷地建模，也使Maya 用户在本书中更为方便地制作项目，我们将创建一个自定义工具架，汇集设置整本书所用的最常见工具。你可以添加更多将要使用的工具。

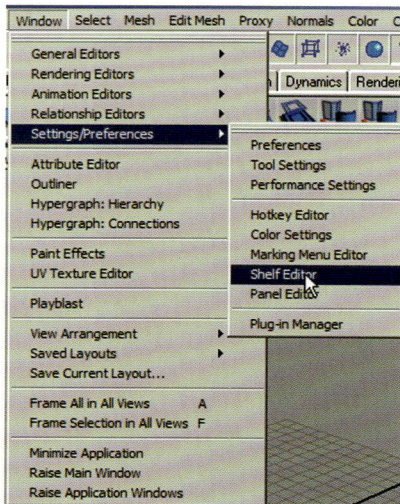

- 找到 Window/Settings/Preferences/Shelf Editor (工具架编辑器)。
- 选择 New Shelf（新工具架）并且在Name中命名：mayaGames。
- 选择 Save All Shelves（保存所有工具架）。

　　现在有了一个新的空架子，我们可以添加喜欢的工具。当在架子上添加一个工具时，你只需要找到它在菜单列表中的正确位置，但在选择它之前还要执行下列操作：

- 按住 Ctrl + Shift键，
- 选择你要的工具。新的工具架上会出现该工具的图标。

工具架如何组织新添加的工具

> **注意**：如果你添加了一个不需要的工具或将工具放错位置，这没什么。在本课最后，我会告诉你如何移除或切换工具图标的位置。

Maya 2011版本中每个工具的位置

Create Primitive Shapes（创建基本物形）

Create/Polygon Primitives(多边形基本几何体)/Cube,Sphere…（立方体，球体……）

Create Polygon Tool（创建多边形工具）

Mesh（网格）/Create Polygon

Extrude（挤压工具）

Edit Mesh(编辑网格)/Extrude

Split Polygon Tool(分割多边形工具)

Edit Mesh/Split Polygon

Merge Vertice Tool(合并节点工具)

Edit Mesh/Merge

Combine(结合工具)

Mesh/Combine

Insert Edge Loop Tool(插入边缘循环工具)

Edit Mesh/Insert Edge Loop

Append to Polygon Tool（增补多边形工具）

Edit Mesh/Append to Polygon

Fill Hole（补洞工具）

Mesh/Fill Hole

Soften/Harden Edge（柔化/硬化修改工具）

Normals（法线）/Soften or Harden Edge

Center Pivot(中心枢轴工具)

Modify(修改)/Center Pivot

Delete History（删除历史工具）

Edit/Delete All by Type（删除所有类型）/History

UV Texture Editor (UV纹理编辑器)

Window/UV Texture Editor

Hypershade（超级着色器）

Window/Rendering Editor (渲染编辑器)/Hypershade

改变工具的名称

现在我们已经完成了自定义工具架，我们需要返回并更改一些图标的名称，使其更容易理解［即，我们会把UTE（UV Texture Editor）改为UVs］：

- 找到Window/Settings/Preferences/Shelf Editor(窗口/设置/参数/工具架编辑器)。

在Shelf Contents(工具架目录)下，你会看到我们创建的所有新工具。请向下滚动并执行下列操作：

- 将Soften Edge（柔化边缘）的Icon Name(图标名)改为SOFT。
- 将Harden Edge（硬化边缘）的Icon Name改为HARD。
- 将UV Texture Editor (UV纹理编辑器) 的Icon Name改为UVs。
- 将Hypershade (超级着色器) 的Icon Name改为MAPS。
- 选择Save All Shelves（保存所有工具架）。

现在可以开始本书的课程了。请记住，你可以随时添加、删除或改变图标的位置。

如果要删除工具图标，只需在图标上按下鼠标中键将其拖动(MMD)到右侧的垃圾桶里。如果要更改图标的位置，同样用中键鼠标拖动图标到新位置的左侧，然后释放。

Maya 基础：设置新的工程目录

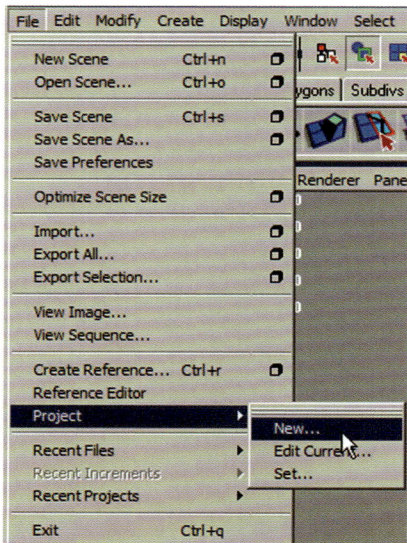

最好提早养成好习惯。目前要务之一就是创建一个New Project（新工程目录）的文件夹。这一步非常重要，因为有关纹理、网格（mesh）以及其他数据的所有文件夹都涉及在不破坏任何路径的情况下，具体模型是否能够在其他用户或计算机之间正确组织和流通。

步骤 1

- 在硬盘驱动器创建一个名为mayaGames的文件夹。
- 打开Maya。

- 找到File（文件）菜单 (左上角)。
- 找到Project/New（工程目录/新建）。

步骤 2

- 在New Project属性窗口中，创建一个新名称：Ch02_StoneArchway（石拱门）。
- 在Location（位置）中，点击Browse（浏览）并找到刚才创建的文件夹mayaGames。
- 选择Use Defaults（使用默认值），你也可以重新命名这些文件夹。
- 选择Accept（接受）。

步骤 3

- 找到File（文件）菜单。
- 找到Project/Set（工程目录/设置）。
- 点击文件夹mayaGames。
- 选择OK。

大功告成！ 此步骤将免去后顾之忧。这是一个良好的管理之道，并且游戏工作室也会要求你建立组织有序、简洁利落的工作文件夹。

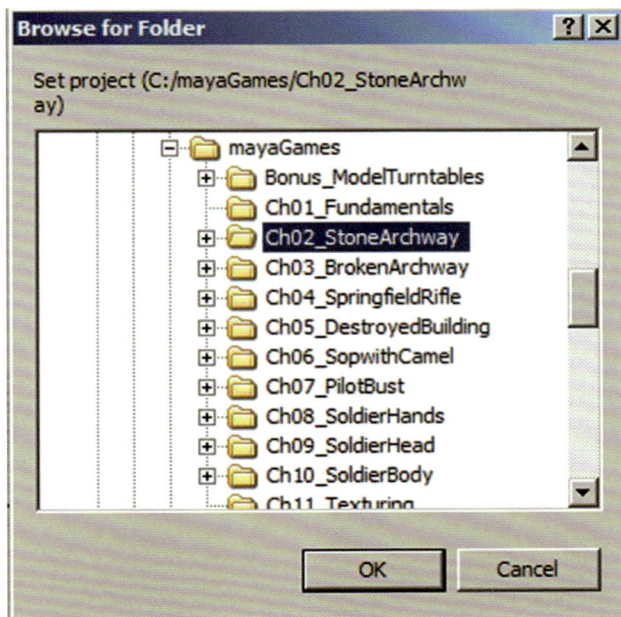

第二章
石拱门

我们将学到什么

这节课将介绍有关Maya建模和纹理方面的各式工具。我们会运用最基本、最普遍的形式建模——"盒式"建模,用一个标准的立方体开始我们的进程并以此为基础。这是相当简单的课程,但它有许多有趣的方面,当你继续学习时你将从本章中受益匪浅。

开始之前

在我们开始之前,首先应该建立本书课程所需的自定义工具架。如果你不确定如何创建一个新工程目录,请参考第1章"设置新的工程目录"。本书的所有工程目录都将存放在前面创建的mayaGames文件夹。

步骤1:准备开始

- 打开Maya并创建一个称作stongArchway的新工程。
- 请记住,把这个项目设置在正确的文件夹。
- 保存你的场景,并将其命名为stoneArchway01.ma。

打开本书附赠的DVD，并找到文件夹Lesson_Templates。

- 复制（Ctrl+C）名为stoneArch_Grid.tif和stoneArch_Map.tif的图像贴图。

- 粘贴（Ctrl+V）到stoneArchway工程目录中的sourceimages（源图像）文件夹。

我们为何要复制、粘贴？

为什么要复制、粘贴而不是简单地打开本书DVD的项目文件夹？因为现实世界中不可能存在只需打开一个文件而有你需要的一切。此处的目的是制定一个良好、易于理解的工作流程和文件管理方式。

步骤2：准备模型模板

创建一个新模板

- 创建一个新的多边形平面。
- INPUTS（输入）中的width/height（宽度/高度）由1改为24。
- subdivision width/height（多边形细分宽度/高度）由0改为1。
- 在Plane1重命名为templateFront，按回车键。

创建一个新图层

- 右侧通道框下的面板就是图层编辑器。
- 点击黄色星号图标建立一个新图层。
- 双击layer1并重命名为templateLayer。
- 单击Save（保存）。

用选定的两个模板执行下列操作：

- 右键单击新的图层，选择Add Selected Objects（添加选定对象）。
- 在新的图层，双击"V"（visible可见）旁边的方框，激活"R"（render mode渲染模式）。

这样便能显示此模板，但防止它们变成可选择的。

创建一个新的着色器

- 打开Hypershade（Maps）Editor（超材质编辑器）。
- 双击默认Lambert1着色器。
- 将Transparency（透明度）滑块拉到大约50％的位置。.
- 关闭其Attribute Editor（属性编辑器），但Hypeshade Editor依然打开。

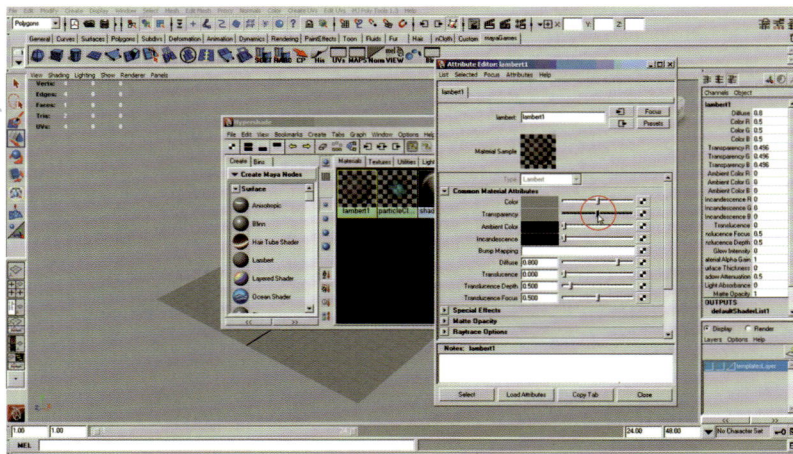

创建一个模板贴图着色器

- 现在创建另一个Lambert着色器。
- 双击shader打开其属性窗口。
- 将lamber2重命名为Templates。
- 按回车键然后单击颜色通道的棋盘格图标。
- 在Create Render Node panel（创建渲染节点面板）选择File（文件）。
- 在2D Textures（二维纹理）下拉菜单中选择**Normal**（法线）。
- 为Image Name（图形名称）选择文件夹图标。

  如果你的项目设置正确，你应该能看到之前粘贴的图像。

- 选择stoneArch_Grid.tif，然后按Open（打开）。
- 点击返回到图像平面templateFront，并应用贴图。

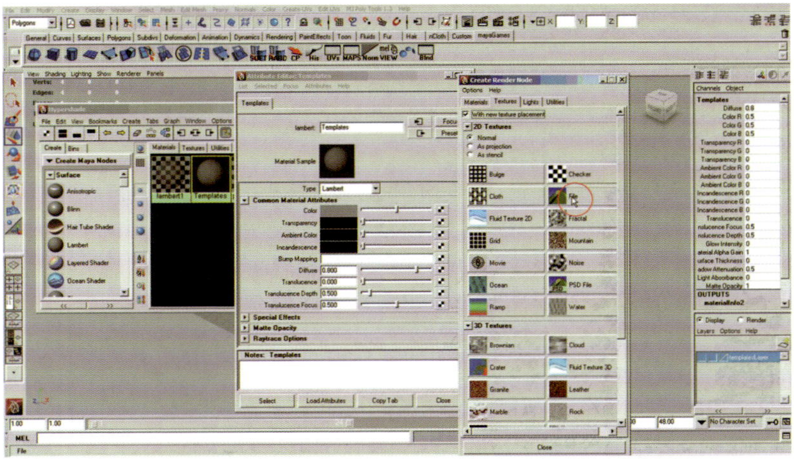

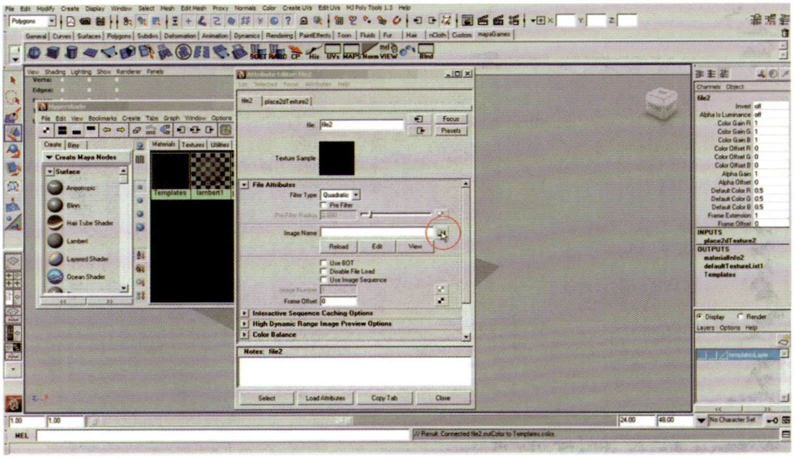

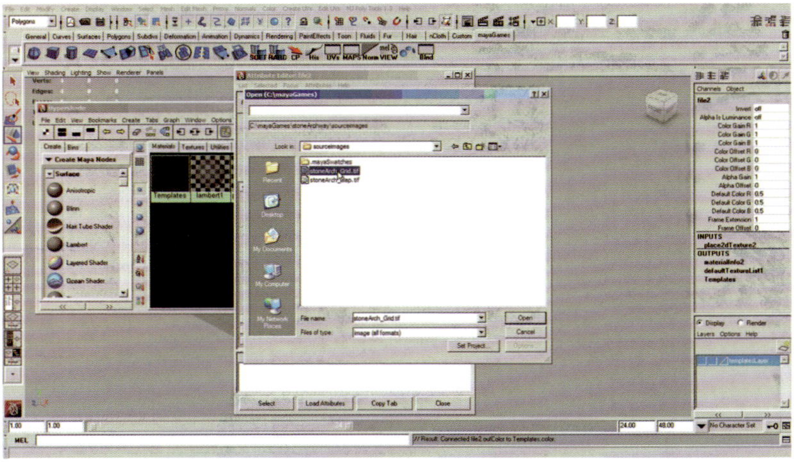

在模板网格上应用着色器

- 选择你的网格。
- 打开Hypershade"Maps"（超材质）窗口。
- 右键单击你刚才创建的模板着色器。
- 向上拖动到Selection的Apply Materials（应用材料）。
- 释放鼠标右键。

- 关闭Hypershade。
- 按下键盘上的6激活纹理模式。
- 选择模板，在Rotate X（旋转X轴）通道将其设置为旋转90°（按E 键）。

  你可以输入精确的数值，而不是直观地旋转它。

- 现在通过点击Front（前视图）立方体来移动前面的摄像机。
- 按W键移动模板(Y轴)，使拱门的底部与网格水平线对齐。在Translate Y（移动拉伸Y）中将滑块拉到大约9的位置。
- 还需要移动X轴将拱门的中心与你的场景中心对齐，把X设置为 1。

最后，我们要退出模板，这样就不会干扰网格。

- 将Z移至−20。
- 将Modify/Freeze Transformations（修改/冻结转换）为0。
- 点击工具架上的Center Pivot（中心枢轴工具）。
- 点击Delete History（删除历史工具）并保存场景。

复制模板

- 按CTRL + D键复制所选模板。
- 旋转新模板，设置Rotate Y（旋转Y轴）为90°。
- 将Z移至19.35。
- 将X移至−20。
- 将新模板重命名为templateSide。
- 同时选择模板和Modify/Freeze Transformations。
- 再次删除历史并保存场景。

我个人觉得建模时Grid（网格）会使人分心。以下步骤可以关闭网格：

- 在视图的顶边找到Show（显示）。
- 向下滚动至底部，并取消Grid。
- 请选择Panels/Orthographic/Side（面板/正交视图/侧视图）以确保正确的视图模式和方向。

开始建模

我们的目标是为这个柱子创建一个简单的盒模型。一旦创建了最初的基本体，这个对象就被映射成一个简单的形体，会为我们节省大量的工作时间。

- 创建一个多边形立方体。

  在右边的柱子上移动X轴和Y轴，并到略高于底部边缘的位置。

- X移为4.128。
- Y移为6.991。

我们现在从这里开始，因此会比从底部开始更加准确地缩放立方体的尺度。

- 单击右键/拖动立方体激活编辑菜单。
- 选择Vertex（顶点），并将顶点拖动到立方体右侧。
- 将红色箭头（从箭头处）拖动到柱子的右边缘。
- 然后用同样的方式将顶点拖动到立方体的底部，把它们拉到柱子边缘。
- 将视图改为侧视图。
- 缩放整个立方体的尺度与网格图像的柱子宽度一致。
- 一旦完成，将视图恢复为Front（前视图）。

　　下一步我们将运用盒建模技术进行挤压面来扩建模型。不用移动摄像机而选择一个面的最佳方式就是拖动选择立方体的顶部，然后，按住Ctrl键，拖动该立方体的中心只留下激活的顶面。

挤压面

- 请从工具架上选择Extrude（挤压）图标，从蓝色箭头向上拖动到柱子的下一个网格线。
- 点击箭头上的任何颜色块以激活居中的浅蓝色方块，它可以按比例缩放尺寸。
- 把面缩放到与柱子的角相一致。用手操作网格不可能很准确，也不可能完全对称。但是我们尽量做得接近一些。

- 顶面仍处于选中状态，按G键重新操作相同工具，因此一个新的面被挤压。
- 在缩放这个面之前，上拉蓝色箭头，这会更容易看到它的宽度。
- 然后将蓝色箭头移回与它下面的边缘相齐，并且再按G键。

- 这一次将箭头拉到顶部的边缘边。
- 将面拖动到拱形顶部。
- 选择拱内的左（图中为右）侧面，把它挤压到拱形的中间。

在柱架的中间，你已基本建造了三个新的立方体。

步骤3：创建拱

分割顶点

这是我们课程的下一环节，分割顶点——基本上是由一个面创建为两个面。它是建模的重要组成部分，其中要用很多的工具和方法。在此，我将立刻介绍三个基本工具。

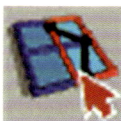

首先，Maya中有一个**Split Vertices Tool**（分割顶点工具），它可以每次创建一个分割。此工具可以进行吸附修改或自由浮动，让你在操作中有多种选择。随后，我们将讨论并使用此工具。

第二个工具被称为**Insert Edge Loop Tool**(插入边缘循环工具)，我们马上就会用到它。它能快速分割新的边缘循环（围绕一个对象的连续边缘）。

```
MJ Poly Tools 1.3   Help

 Connect Verts/Edges/Faces Slide
 Connect Verts/Edges/Faces
 Split Around Verts/Edges/Faces
 Edge Loop Split
 Multi Loop Split
 3/5 Faces 2 Quads

 Select Ring
 Select Loop
 Select Outline

 Extrude Vertex Seperated
 Extrude Vertex Together
 Chamfer Vertex Seperated
 Chamfer Vertex Together
```

　　第三个工具实际上是一个自由的三方脚本，是大多数"老手"的最爱。它叫**MJPolyTools**，是一个简单而有效的分割工具。我已经使用多年，它对加快制作速度和改善工作流程有很大帮助。此脚本的介绍，以及有关下载安装的更多信息，在本书的背面可找到。

　　现在，让我们进行平台面的分割。

- 在工具架上选择Insert Edge Loop 工具，点击柱子三条垂直边的任意一条。（一条虚线将显示出来，并跟随你的光标。）
- 当你分割了需要的地方，释放鼠标。
- 如果做错了，可以按Z键撤销，或者单击右键选中顶点并且移动整行到正确位置。

- 现在继续分割网格上显示的其余水平行。
- 一旦完成，开始选择立方体中心的顶点并且把它们移动到建立拱形的位置。

一定要拖动顶点，才能同时选中前顶点和后顶点！

- 接下来，在立方体的左侧顶点重复相同步骤，按照拱形对号入座。你可能需要移动它们，在视觉上与拱曲线的对角线平齐。

你会注意到，这里有一个小问题。我们需要另一条边缘来完成墙体中部。有很多方法来解决这个问题，但最容易的方式是使用Split Polygon（分割多边形）工具并对墙体周围添加三个边缘。

- 在工具架选择Split Polygon工具。从拱形内部开始并对墙体周围使用你的方法。
- 向下移动边缘，与中间靠下的部分对齐，并确保吸附的顶点与墙体交叉对齐。

通过V吸附顶点（使用"手臂"箭头，而不是箭头），可以确保顶点正确地排列对齐。这样将吸附在一个垂直平面而不是水平交叉。

现在，课程的此部分临近尾声，最后一步便是使用Insert Edge Loop (插入边缘循环)工具添加一些垂直边缘完成拱。结束此阶段后，对柱子底面进行修整，如图所示，再次挤压两个面完成柱基的边沿。

删除历史记录并保存**stoneArchway02.ma**文件。

步骤4：镜像几何体

现在我们有了一个未用过的盒模式柱子。这一课的其余部分将需要使用镜像工具复制一个反方向的柱子。在这种情况下，我们可以简单地创建一个复制品并把它旋转180°，但是当你建造独特的对象时，比如一个角色的头部，就不能这样做。因此，我们将镜像和保持连续的过程贯穿于本书所有课程中。

完成模型

- 设置Orthographic Front（正交前视图），并察看网格和模板。

要完成这个模型，需要两个复制品。你将为半拱门做第一个复制品。第二个复制品将是柱子的镜像复制。

- 按**Ctrl + D**键，做出一个复制品。
- 现在将其拖动到较远的左侧。
- 在主柱上，我们需要删除拱中间的三个面。

如果我们不删除这些面，它们将继续留在几何体中，造成一个不正常的硬边。在游戏中硬边会显示出光线不足和阴影。去除这些面，确保一个洁净和空心的模型。

镜像几何体

- 找到Mesh/Mirror Geometry-Options（网格/镜像几何体选项框），镜像一个形状。
- 在选项框中，不能勾选Merge with the Original（与原始物体合并）。

　　你做这个，是因为你从不想依靠Maya来合并。很多时候你的顶点可能有细微的差距，这说明没有精确地密封，意味着网格不能"防水"。无论何时它总是最好的手工合并顶点的方式。然而，为了使合并顶点更加容易，我们可以使用一些技巧。

合并顶点

- 找到Display/Heads Up Display（显示/视图窗显示项），并勾选Poly Count（多边形数量）
- 在视图的左上角会有一个显示框。现在让我们正确设置Merge Vertice（合并顶点工具）。
- 双击工具架上的Merge Vertice图标，打开它的Options Box（选项框）。
- 将Threshold（阈值）设置到0 .01。
- 按回车键。

此设置会使合并的顶点彼此非常接近。请注意，Verts Display（顶点显示）标为16。在这里有两组8个顶点几何体。

再次点击你的Merge Vertice图标，并密切注意这个数字。它应该确保是合并之前数值的一半。

在这种情况下，如果你看到8，那么你的操作是正确的！

- 现在删除历史记录。
- 保存你的文件，命名为**stoneArchway03.ma**。

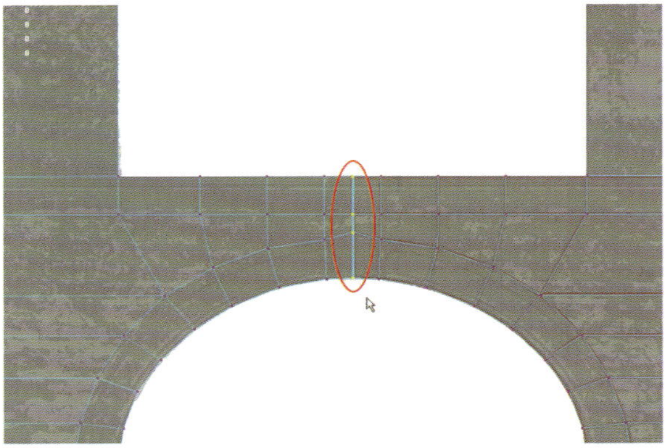

警告！你应该注意到，拱门与模板图像完美地对合在一起。如果没有，一定是某个地方出错了，可能需要退回以上步骤修改或重新操作。

基本上，我们完成了建模，只是还有几个环节要做。这部分可能有些混乱，所以请认真遵循我的说明。现在需要添加其余的拱门网格来完成模型。我们不想运用挤压面来建造它——虽然可以做到，但是它还不太完美，也需要花费更多的时间——我们打算分割先前复制的柱子和截取仅仅需要的部分。还得再次删除现有拱门的几个面，将其挖空形成一个通透的连接。

- 打开Perspective（透视）图。
- 选择图中主体拱门的面，并将其删除。
- 在复制的柱子上选择不需要的部分。
- 删除它们，剩余的几何体如图所示。

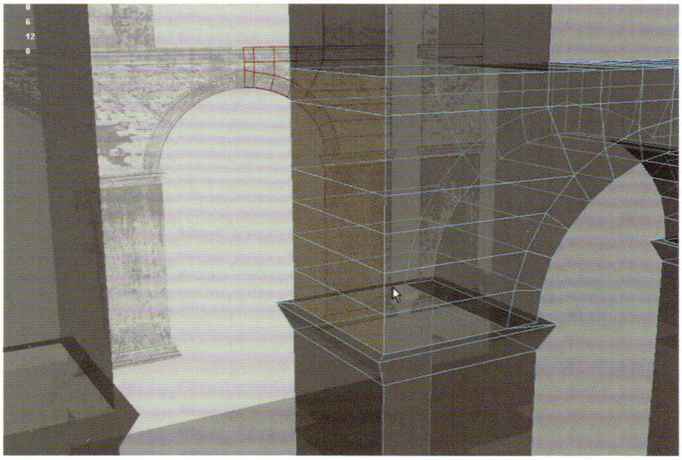

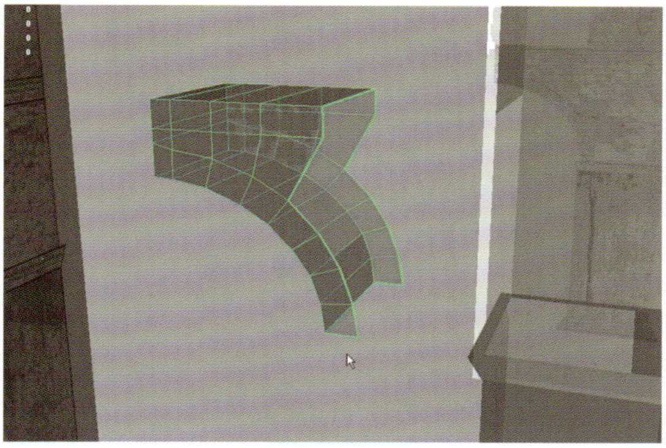

吸附点

现在，让我们将新部分吸附到主体。要做到这一点，我们将对象的中心点移动到一个必要的角落。

- 按下Insert（插入）键。
- 按住V键，将中心吸附到边缘顶点。
- 再次按插入键关闭活动中心。
- 最后，再次按V键，如图所示，把网格吸附到柱子的墙面。

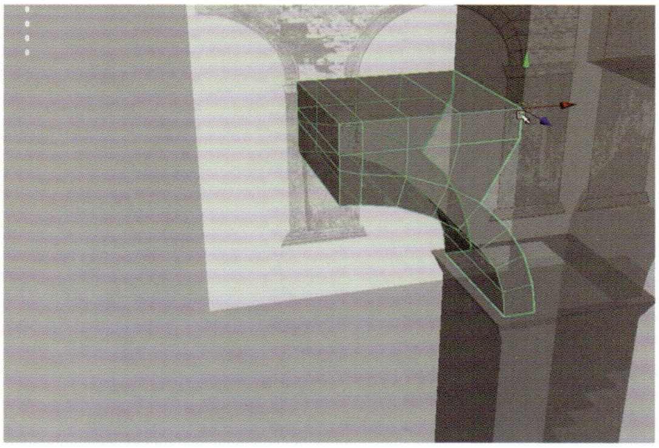

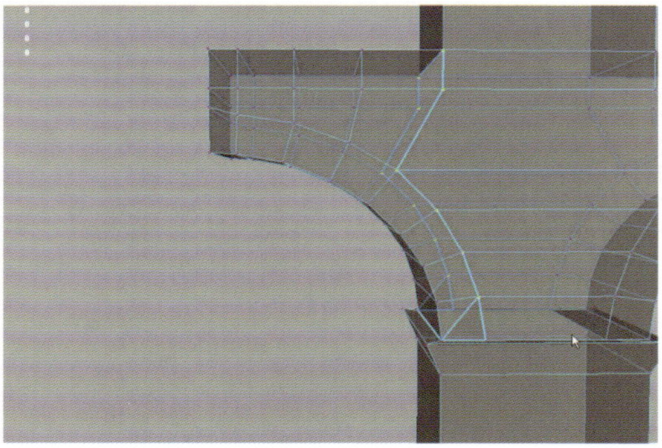

结合网格

我们现在要使用新的工具，将两个网格物体结合为一体，以便我们能够正确合并顶点。

- 选择这两个对象，然后点击工具架上的**Combine**（结合）图标。
- 你已经学会如何用V键吸附顶点，现在将柱子除了底部行的所有行都做此操作；暂时将底部行留于此。

如果操作正确，你的模型应该与图像匹配。目前还不能合并顶点。

你会注意到，我们有一个小问题。在拱形底部的边缘已经穿插。解决这个问题有很多方法。这一课，我们将删除穿插面，之后再重新建立。

- 如图所示，选择底部两个面并将其删除。

现在我们有两个洞需要修补。

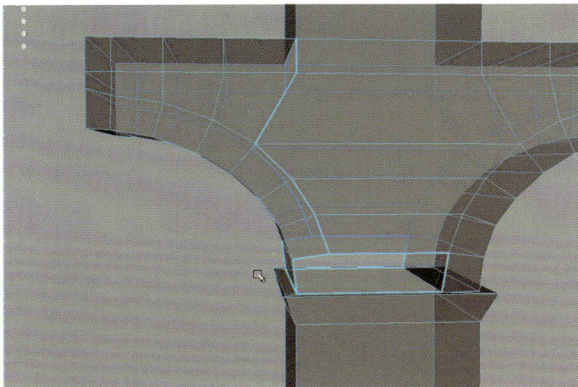

在我们能够修复洞之前，我们必须把网格合并得严丝合缝。

- 右键单击网格，然后选择Vertices。
- 在这个区域中选择顶点的范围。这次不必精确，因为之前我们已吸附了顶点以确保Merge Vertices中较低的Threshold能够正确工作。
- 使用Split Vertices（分割顶点）工具还原拱形底部的砖块。

使用增补多边形工具

再次，修复这些漏洞可以用几种方法，但我们现在准备使用一个工具，即Append to Polygon（增补多边形）工具。它显示为边缘上的一个箭头（逆时针）并顺着箭头所指选择下一个，该洞很快就会自我修复。

- 单击右键并选择Edges。
- 在第一洞上选择一条边。
- 进入Edit Mesh/Append to Polygon（编辑网格/增补多边形）工具。

收尾工作

我们马上就要完成模型了，最后一步很容易。要把顶台和拱形的面挤压成一定的尺寸。

- 在图形中选择面（只能是前侧），并挤压。
- 检查网格的各方面，以防任何问题，比如出现缺口面。
- 选择此墙体并在右上角的面板中将其命名为stoneArchway。
- 删除历史记录，保存为stoneArchway04.ma文件。

用视觉判断挤压墙体的距离——我建议从这面墙到外围台子大约一半的距离。

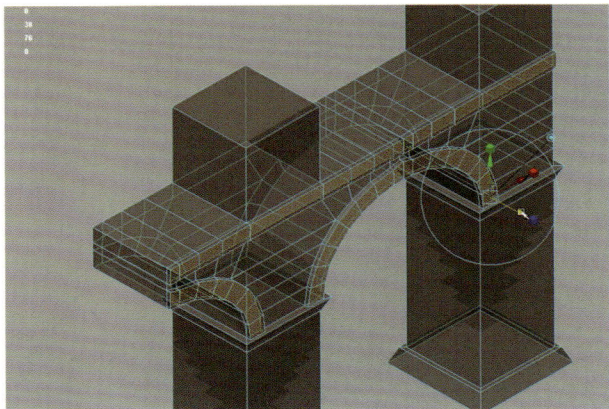

步骤5：运用平面UV投射

运用UV完成拱门

模型已经完成，我们可以应用UV坐标对模型创建纹理。把UV看作是缠绕在网格物体上的外皮，类似礼品包装的盒子。UV的应用被认为是3D过程中最乏味和令人沮丧的部分之一。但透过这本书的课程，我们要探索许多独特和创造性的方法来获得出色的UV技术并将它们应用到我们的模型中。

利用一个简单的**planar**（平面式）UV贴图，该石拱门会显得更加完美，平面式的贴图法是从一架摄像机的方向形成一个平面贴图。并且，我们会把模板贴图作为最终纹理贴图来使用，因此，在这种情况下我们可以运用一种技巧。

应用UV坐标

- 选择stoneArchway网格。
- 将Template Layer（模板图层）从R回到nothing（可选择）。
- 按下shift，同时选择Front Template（前模扳）平面。
- 进入 Create UVs/Planar Mapping/Options（创建UV /平面贴图/选项）。
- 点选Z轴（前视图）。
- 选择Project并关闭面板。

你会发现有一个边界框显示出来，表明这个区域已成为UV贴图映射。现在我们将创建一个无网格模板纹理的新着色器。

复制一个新的着色器

有时你需要一个新的着色器，它与另一个着色器具有许多相同的设置，但也有小的差异，如基色或图像映射。我们并不是从头开始重做着色，而是复制现有的着色，并在此情况下，只需更换纹理。

- 点击Maps（在Hypershade edtior）。
- 点击Template shader(模板着色器)
- 进入Edit/Duplicates/Shading Network（编辑/复制/着色网络），然后单击。

创建一个新的着色器

- 双击打开Att Editor（属性编辑器）。
- 将名称更改为archwayTexture。
- 单击颜色栏，并找到名为stoneArch_Map.tif的贴图。
- 关闭Att Editor窗口。

运用着色器贴图

- 选择墙的模型。
- 右键单击新的着色贴图。
- 向上拖动到Apply Material To Selection（应用材质到选择对象）。

此时，你应该能看到网格被新的纹理贴图更新了。

并非十全十美

这是一项伟大的技术，但并不完美。你会注意到我们的墙边有拉伸。这是因为目前的UV坐标只是从各边的Z轴进行。我们现在选择这些墙面并用先前同样的方法便可及时补救。

- 将视图转换到Side Ortho（正交侧视图）。
- 单击右键并选择Faces。
- 拖选墙的侧面和末端的两个柱头。
- shift+Left，选择侧模扳。
- shift+Right，选择侧模扳的面。
- 进入 Create UVs/Planar Mapping/Options（创建UV /平面贴图/选项）。
- 点选X轴（侧视图）。
- 选择Projection（投射）并关闭面板。

你会发现墙上更新了模板侧面的贴图。

现在我们仔细选择顶部的面和应用另外一个投射，这次从Y轴（顶视图）操作。遵循之前的相同步骤，但这一次是选择顶部的面。

是的，你需要为顶视图作出新的复制模板。你应该清楚地明白这一点。如果做不到，也无须担心。我向你保证，经过几个教程的辅导，你会知道如何解决这个问题。

为何现在才完成

我们完成了第一课，甚至是纹理阶段，因为原画部门创建了相当现实的模板艺术。目前我们还存在多个UV依靠彼此顶部的问题，这对于次世代游戏不是一件好事。不过，我会教你如何解决这个问题，并添加更多的细节，这将在第3章实现——破碎的拱门。

下面是快速渲染的该项目模型（采用三点光源的简单设置）。

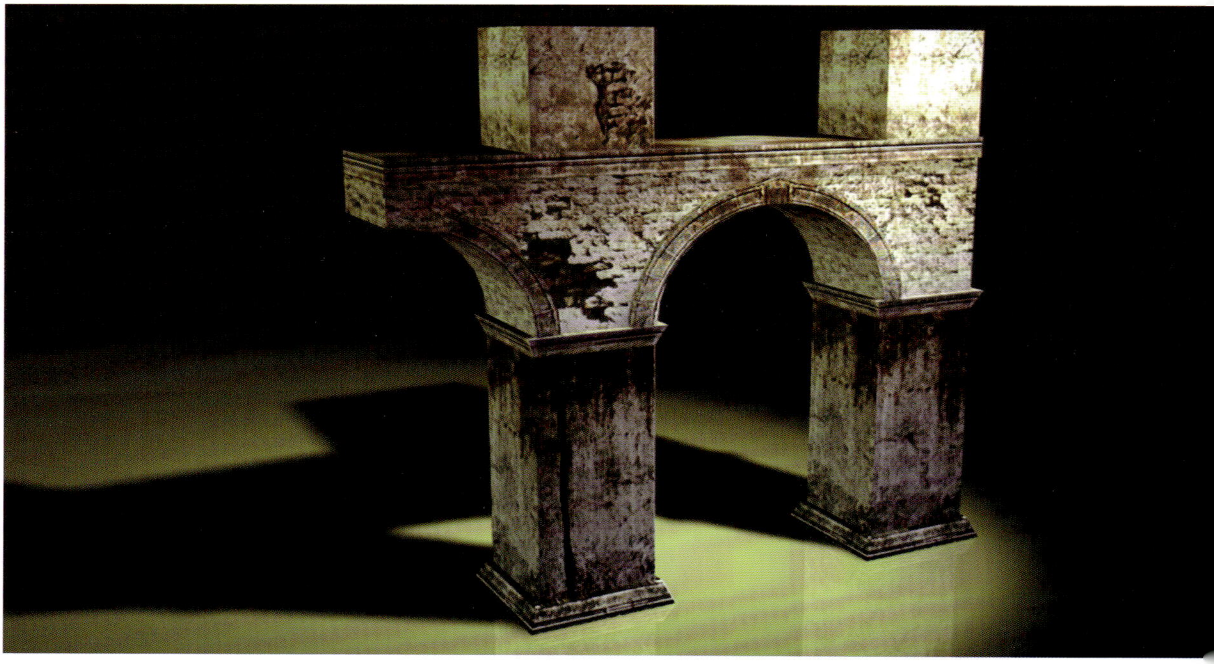

第三章
破碎的拱门

本课介绍Create Polygons（创建多边形）工具的相关工作。这将是基于图像建模（IBM）技术的基础，我们会在本书的课程中多次使用。你会发现建立这种技术需要一段时间，但运转还是相当迅速的，并为最终的模型提供了非常好的效果。你还将看到使用Maya的Transfer Maps（转移贴图）选项的好处，为生成高质量的纹理贴图节省了大量时间。

准备模板图像

我在原先做好的石拱门上，把锋利的边缘绘制为白色，使其破碎，塑造成饱经风霜的墙体。然后用Photoshop绘制绿线，在此，我觉得边缘效果处理得最棒。请注意，我是如何致力于内、外边缘，企图以减少所需的多边形数量来达到良好的整体形状。在DVD的模板文件夹中，我保存了模板贴图的两个版本：**brokenArch_Grid**，这将是我们的模板贴图；**brokenArchMap**，它是我们预留的最终纹理版本。

建立项目和模板

- 在同一文件夹——mayaGames中设置一个新的项目。
- 将它命名为Ch03_BrokenArchway。
- 一定要在正确的文件夹"设置"项目。
- 运用在第一课学到的技术创建两个模板，分别命名为templateSide 和templateFront。
- 记得缩放平面到24个单位。
- 将模板大致旋转和移动到位置上。

准备建模着色

- 打开Maps贴图（hypershader编辑），在默认的shader1中添加50%的透明度。
- 创建第二个Lambert(朗伯材质)着色，并将其重命名为Template。
- 插入纹理贴图brokenArch_Grid.tif。
- 选择这两个模板面板，并为它们着色。
- 最后，在图层通道创建一个新图层。
- 将其重命名为Templates，选择R"锁定"该图层。

    如果你需要确认这些步骤，请参阅第二章。

步骤1：开始建模

我们将创建墙的外部造型。可以先做各个部分，后合并为整座墙体。

使用Create Polygon Tool（创建多边形工具）

- 切换到正交的侧视图工具。
- 选择Create Polygon工具。
- 沿着墙壁周围的边缘开始创建多边形。这种技术类似于连接点。

继续创造一切必要的形状。如果它们不够完美也无需担心。你将来可以通过添加和减少顶点来调整它们。

提示： 按下shift键，可以同时选择多个对象、面以及其他元素。但有时这种方法也会取消它们。同时按住shift键 + ctrl键+选择物,在Maya中只是选择。按住ctrl键选择，该对象就被取消选定。

结合此形状

- 选择所有的多边形形状。
- 点击Combine（结合）使所有形状成为一个对象。
- 关闭网格物体，取消选定。
- 双击Merge Vertices（合并顶点工具），打开其Options（选项框）。
- 更改Threshold（阈值）设置为5.0。

　　这一步骤使我们能够合并不太接近的顶点。那么现在，围绕这面墙，我们开始合并彼此接近的顶点。如果在一个区域中漏掉一个，暂时放过它，我们将来会解决。

　　你可能会注意到，虽然边缘合并的操作是正确的，但厚厚的边界仍然存在。这表明面的法线是反的。

要解决颠倒的法线，请遵照下列步骤：

- 在object（对象）模式中选择网格（绿色略图）。
- 找到Display/Polygons/Face Normals（显示/多边形/面法线）。
- 选择反向的法线面。
- 选择Normals/Reverse（法线/反转）。

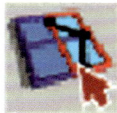

现在，所有法线读取正确，你会发现接缝上厚厚的边缘边界消失了。唯一让人恼火的是，法线显示需要通过菜单再次关闭。我建议创建一个以供将来使用的工具架按钮（按Ctrl + Shift +点击菜单中的该工具）。

现在删除历史记录并保存为一个新的重复文件（即brokenArchway02.ma）。

步骤2：完成墙面

现在，使用Split Vertices（分割顶点）工具，与模板图像上显示的边缘分割相一致。实际上，你得再次连接点。

> **提示：**如果你希望用分割工具自动吸附到精准的边缘中部，请完成下列步骤：

- 打开Split Vertices Tool/Option（分割顶点工具/选项框）。
- 更改Snapping Tolerance（吸附容差值）到33。

这将确保分割顶点工具的吸附削减50％，正好是一个面边缘的一半，但仍具有足够的灵活性，允许吸附其他百分比。

> **技巧**：分割顶点工具能够正常运用还有一个窍门。为了让它吸附一个顶点，而不是创建一个新的，你可以在一个边缘上点击箭头并拖动到预期的顶点，直至看到它吸附在适当的位置。如果只点击一个边，就会创建一个新的顶点，导致吸附失败而且一团乱麻。

分割顶点

- 选择Split Vertices工具。
- 开始连接边缘，与模板图形相一致。
- 选择顶点，并把它们清理。

> **诀窍**
>
> **对齐顶点**：确保水平或垂直顶点对齐的一种方法是运用缩放操纵器。在平直的边缘上选择需要的顶点，并在适当的方向缩放。

51

完成基础墙

完成基础墙的过程很简单。继续分裂顶点，直到与模板的所有轮廓一致。在范例中你会发现有一小块的断开部分，其顶点没有连接上。这就是我们说的"*n*边形"，即多边形的死胡同。我可以把它们加工变为四边形，但我宁愿等到已经挤压了墙壁和增加了其他细节后再做。因为在之后的建模过程中，这些问题都会迎刃而解，将其变为四边形。

3个、4个、5个……噢，我的天

那么，怎样应付这些三角形、四边形、*n*边形呢？理想的状况是保持你的网格物体，因为它们都是由四边形组成的。游戏引擎会自动将它们分成三角形。五边或者更多边的面是可以处理的，事实上，在现实制作中此类情况时有发生，特别是在最后期限滴答作响、产品即将上市的时候。那么，你会破坏剩下的那些比四边形更多或更少的面吗？会？还是不会？既然你不愿草率行事，那么请尽力确保你正在使用的都是四边形。如果出现了一个零散三角形或五边形的面，你也不要担心。最好的方式是，设法把它们藏在一个看不见的区域里，比如在一个平台的顶部或者是窗沿。

如果你正在制作一个角色模型或在使用Mudbox，那么这就变成了一个比较严重的问题。这种情况不但破坏了其他环境项目，而且贯穿整个游戏制作过程。

> **诀　窍**
>
> **逐步做到UV布局**：UV不必等到建模结束。有些时候布置基础UV坐标只是为了使面有组织地形成。让我们以一棵树的模型为例。想象我们正在布置一个令人头痛的网格物：扭曲的树干、多权的分枝和暴露出来的遒劲树根。如果你在建模前用一个圆柱形贴图做好了基本圆柱体，你就已经建立一个有组织的布局，它会在之后的UV过程中更容易选择和调整。

这就是我们要做的。在挤压出墙壁的厚度之前，我们布局一个基础的平面UV。

应用UV坐标

- 选择基础网格。
- 按下shift，同时选择Template平面。
- 进入 Create UVs/Planar Mapping/Options（创建UV /平面贴图/选项）。
- 在Projection Manipulator（投射操纵器）点选Z轴（前视图）。
- 点击Project。

核查进展

- 选择该墙。
- 打开Maps，并运用Template模板着色。
- 删除历史，并保存。

　　我们现在可以开始挤压墙的厚度并添加更多细节，如台子、边沿和碎砖。

　　这些将为下一步做铺垫。

挤压墙

- 重新使用原始默认（部分透明）着色。
- 选择墙的网格。
- 点击Extrude，并拖拽（或退回）蓝色箭头到Side模板所示的应有厚度。

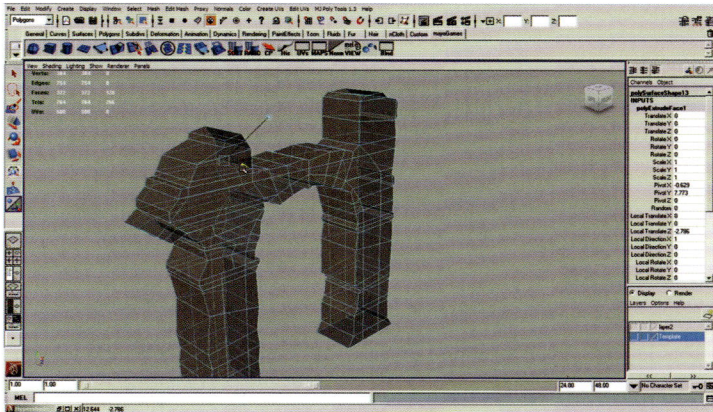

添加基本细节

- 继续选择和挤压台子和边沿，与模板匹配。
- 查看brokenArchway05.ma文件，构思网格应该做成什么细节。

创建纹理贴图着色

- 再次打开Maps（hypershade）。
- 选择Template模板着色。
- 选择Edit/Duplicate/Shading Network（编辑/复制/着色网络）。
- 双击着色器，打开Attribute editor（属性编辑器）。
- 将颜色文件命名为brokenArch_Map.tif。
- 为墙创建纹理。

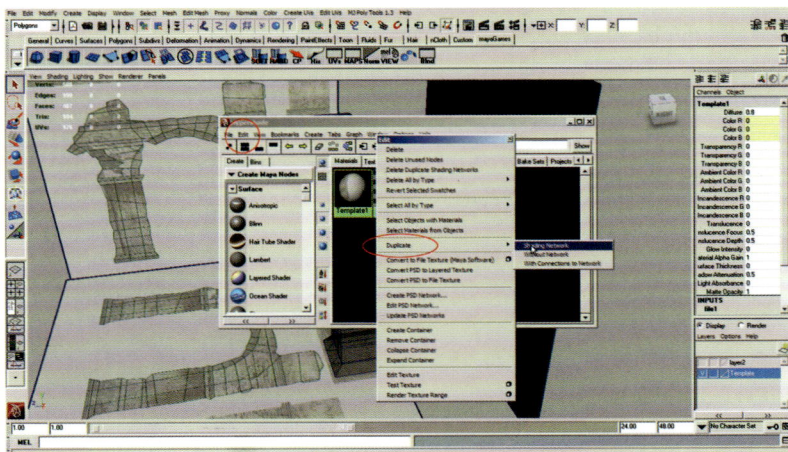

继续润色细节

这部分可能需要一些时间，因为"抛光"、"处理"、"精化"模型（我们喜欢用这些词）在现阶段是一项乐此不疲的劳动。有时候在制作过程中，我们导入粗加工的模型，将抛光等做为锁定关卡之前的最后通行证。

这里没有太多添加，因为你可以想做多少就做多少。如果你是3D新手，那么我建议你学习本书其他课程之后，再回头考虑这个模型的细节。

步骤3：准备UVs

在第二章中，我们从不同方向的X、Y和Z轴上设置面的平面贴图。为了当前的游戏设计，我们要正确创建UV。我们需要设法分开所有的侧面而采取下一步骤，并把它们纳入一个区域，以便纹理和法线贴图高效工作。

我们将探索一些技术，如第十一章的转移贴图（技术9：转移贴图）。

说明

1.首先，我们同以前一样，在墙壁上布局UV，从不同角度使用平面贴图。

2.所有故障点都能被"自动映射"或者透过"摄像机角度"并缝合在一起。

3.当我们完成后，我们会制作一个重复的网格。一个将成为"**源**"网格，另一个是我们的"**目标**"网格。

4.我们将在目标网格有效地设置UV，最大限度地增大UV的空间。

5.然后我们将使用一种叫做"转移贴图"的技术，它将在目标网格"烘焙"一种新的颜色贴图。

6.接下来，可以用Photoshop润色和改进新贴图。我们从颜色贴图中还能生成法线贴图和环境闭塞贴图。

完成我们的UV布局

如同第二章，从每个轴选择面和模板以及应用UV贴图坐标。务必把UV Manipulator的方向换为每个新轴的方向。一旦完成，检查模型中的遗漏或错误的纹理面。

修改错误的面

这里有一个例子：画面被错误地映射了。我忘记选择拱门的底面，导致与Y的顶部贴图相映射。现在，我并没有重新选择顶部所有的面，而只是选择了几个面并把Y平面贴图应用于其中。

隔离新的UV

- 打开UV编辑器。
- 缩小显示，这样你就可以看到完整的右上角的象限（也称为第一象限 ）。
- 单击右键，从菜单中选择UVs。
- 拖动所有显示出来的UVs。

现在你会发现模型的所有UV都能看到，不过没关系，我们需要的UV已经被选中。

- 将它们缩小放在一边。目前的缩放不必太精确。这样做是为了以近似的缩放尺度使它们返回到图像中。为此，我们将把它们移至UV顶部和近似的缩放。
- 按F键最大化显示摄像机视图。

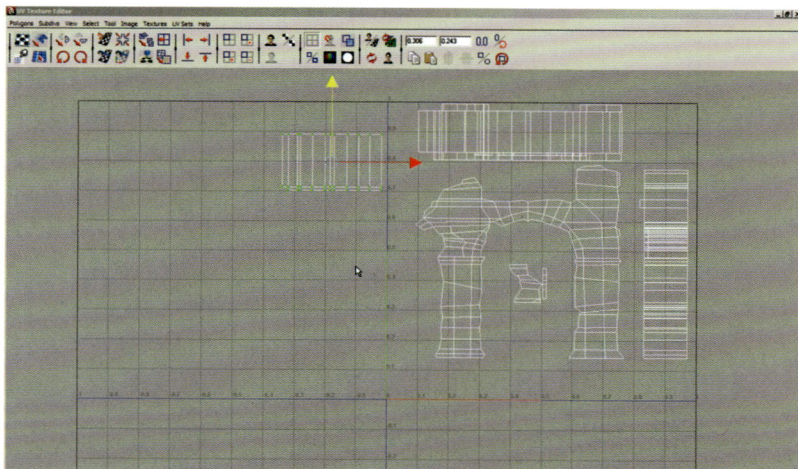

在这里你可以看到，我缩放UV与顶视图相配合（只选择边缘是为了让它们清晰可见）。

如果我们不小心取消了选择的边缘，你是否可以做到不必返回并能重新选择之前所有的面呢？这很简单。

- 选择一个UV，它是新面板的一部分。
- 找到Select /Select Shell（选择/选择壳）。

这将允许你重新选择整个面板的UV设置。

完成后，你是否感到求知若渴？

在这里，我们可以完成并进入复制网格物体的UV布局，或者可以添加更多的细节。如果你觉得这一点富有挑战性，那么向前跳到"完成UV布局"。如果你渴望更多的东西，让我们继续前进！

步骤4：细化

添加更多的细节永远不会太迟，特别是在现阶段。我创建了一个简单的凹凸贴图，然后使用Photoshop 中的 NVidia 滤镜将它转变成一个法线贴图。我们将在第11章（纹理贴图技术）中学习这个过程。

这使我可以重新考虑要修改什么或者添加什么，以便进一步完善最终的模型。我意识到应该添加更多复杂的破损块面，所以我们现在开始。

UV该怎样做？

新面的UV需要映射坐标，但该模型的其余部分将被精化。如果移动周围的顶点或简单对UV做放松的拉伸，我们可能需要重做一些平面贴图。但是，由于我们正在做碎石和瓦砾，所以大部分的伸展不会太明显。

破碎网格物

这个过程很简单。我将它称之为"碎石化"。我列出了一个清单，看看需要做什么：

1. 凿碎一些边缘。
2. 添加一些松散的砖块。
3. 雕刻一些破洞，使图像看起来更逼真。

因为我正创建一些新的面，所以要建立一个新着色器作为占位符。这样我可以迅速给需要纹理坐标的新区域着色。

- 打开Maps，并创建新的Lambert着色。将它命名为Rubble。
- 打开Split Polygon Tool（分割多边形工具）选项。
  - 取消点选Split only from edges（仅从边缘分割）和Use snapping points along edge（沿边缘使用吸附点）。
  - 将Snapping tolerance（吸附容差值）改为0.0。

这样，我们可以沿着表面的任何位置来分割面。

- 选择分割面内部的边缘，并将其删除。于是我们有了一个干净的表面。

稍后我们将回来，更好地处理这些边缘。

- 继续"碎石化"更多个有益的区域。
- 选择被修改区域的面，运用新的着色器（我着红色）。
- 重新设置你的Split Polygon 工具（记得将Snapping设置为33）。
- 通过分割整个网格的边缘来清理网格。

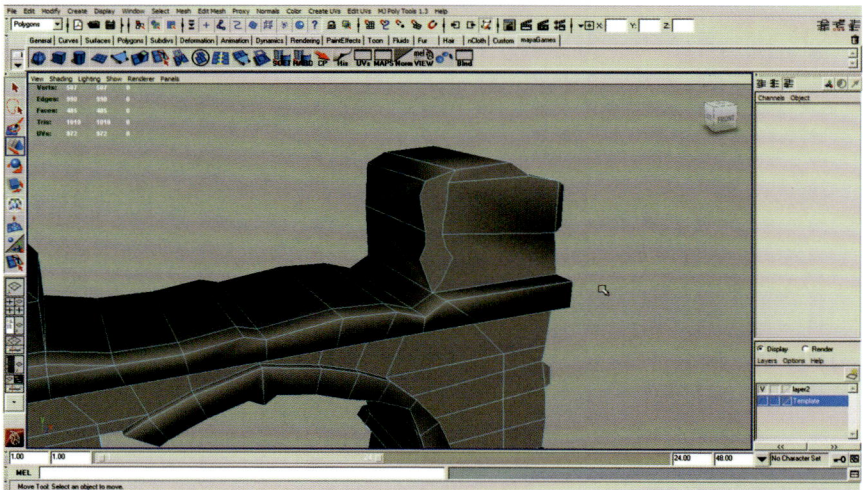

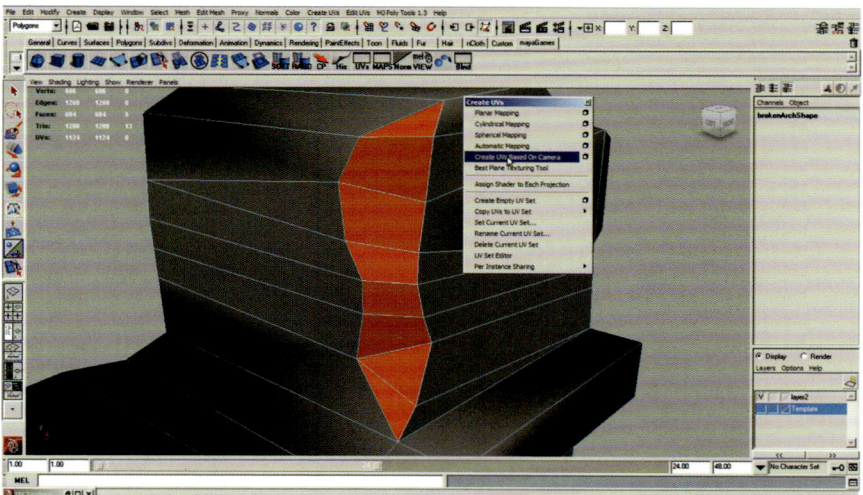

前进：修复UV壳

快乐、幸福、喜悦、满足

我很满意顺利地进入最后的纹理阶段。思量之后，我决定还是在整个网格重做平面映射比较容易，而非进行一个小时左右的"调整聚"。我用同样的方法即我们前面学到的选择面，选择了模板的面并在适当的方向应用坐标。

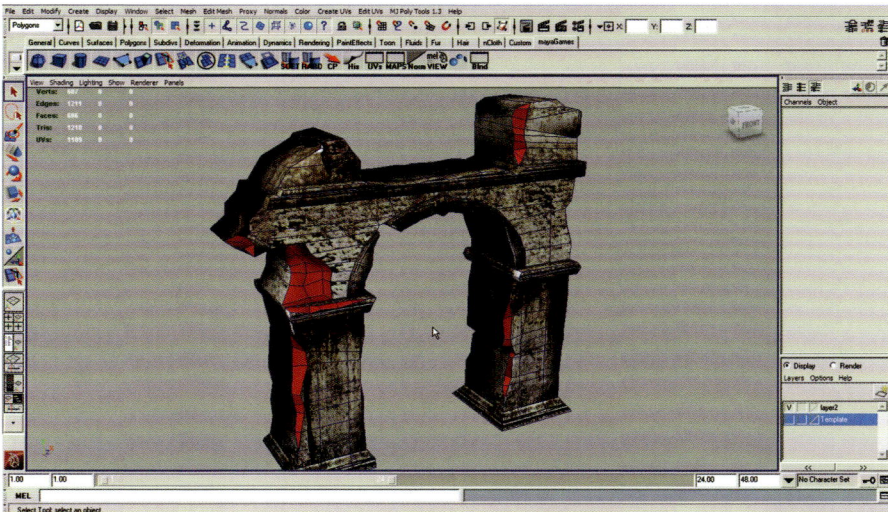

快速选择面

　　由于新的面需要UV，因此现在它们遍布UV编辑器。但是有一个技巧可以把它们从工作场所清理干净。

- 打开Maps，并用鼠标右键选择红色的"碎石化"着色器。
- 在右侧，你会发现Select Objects with Material（材质选择对象）。

　　现在，所有的红色阴影块被突出显示。

- 在UV编辑器，右键选择UVs，拖动并移动到左面板。

> **诀窍** 注意，UV似乎连接到墙面？看来确实如此，而且通常的Cut（剪切）和Move（移动）技术既艰辛又费时。幸好我有一条锦囊妙计可以节省大量时间。

　　选定面之后，执行下列操作：

- 进入Polygons/Flip（多边形/翻转）（如果它是水平或垂直的也没关系）。
- 翻转面。
- 然后再次选择Flip,将它们翻转回到原来的方向。
- 现在，右键选择UV并拖动到右面板。

　　这种方法是否很有效？这是因为Maya程序在翻转面时会自动剪切。现在你可以集中精力重做墙面UV坐标了。

使用摄像机投射UV贴图

　　此外，我最喜欢的是摄像机投射。它能使我迅速获得失真最少的贴图直角。由于碎石基本是岩石，只要角度合理你并不会发现有任何拉伸现象。

- 选择一个有裂缝的面，然后按下F键。
- 将摄像机移到能够清晰"观察"所有面的位置。
- 选择Create UVs/Create UVs based on Camera（创建UVs/基于摄像机创建UVs）。
- 打开UV编辑器。
- 确认利落的映射裂缝；选择它的UV并移至右侧（不要缩放它）。

对全部的裂缝都如法炮制，如果它们是很复杂的形状，就不能只进入一个摄像机视图。然后再分解贴图，将来我们会把它们缝合在一起。

组织所有的裂缝

现在，将所有的裂缝映射并放置到一边，同时我们将其等量缩放。这里出现了一个问题，那就是拉伸密度和棋盘贴图的使用，但我们目前还不会为了碎石去关心这个问题。关于更多拉伸密度的问题我们以后再讲。

完成UV布局

　　现在没有必要从重叠状态分离UV。我们马上会创建一个重复的模型并且正确分离UV。现在要做的是：将所有的面映射纹理，尽可能地不拉伸。

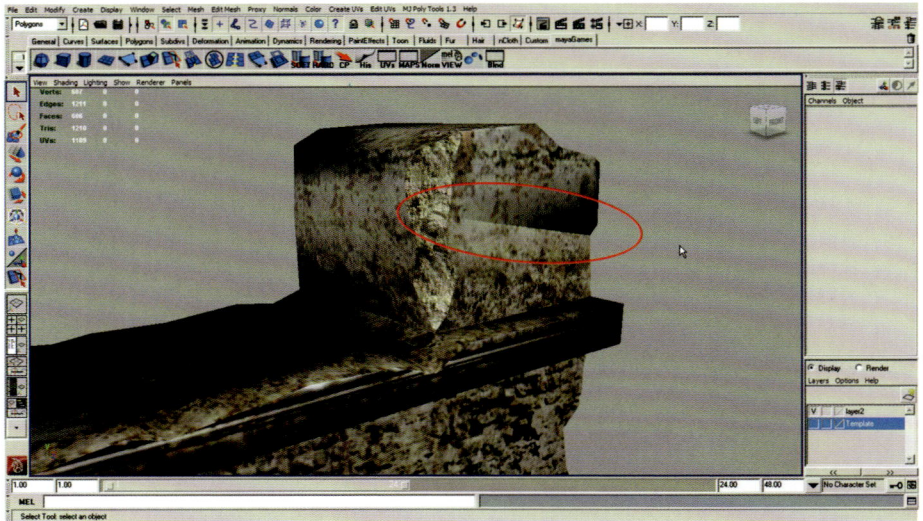

　　现在墙体的贴图已得到纠正。我们也该结束本课进入下一个新项目了。但我会在第十一章中告诉你如何进一步采用这种方式——纹理贴图技术（技术9：转移贴图），在那里我向大家展示被称为转移贴图的技术。我们可以为了最终的纹理贴图而把模板图像作为基础。

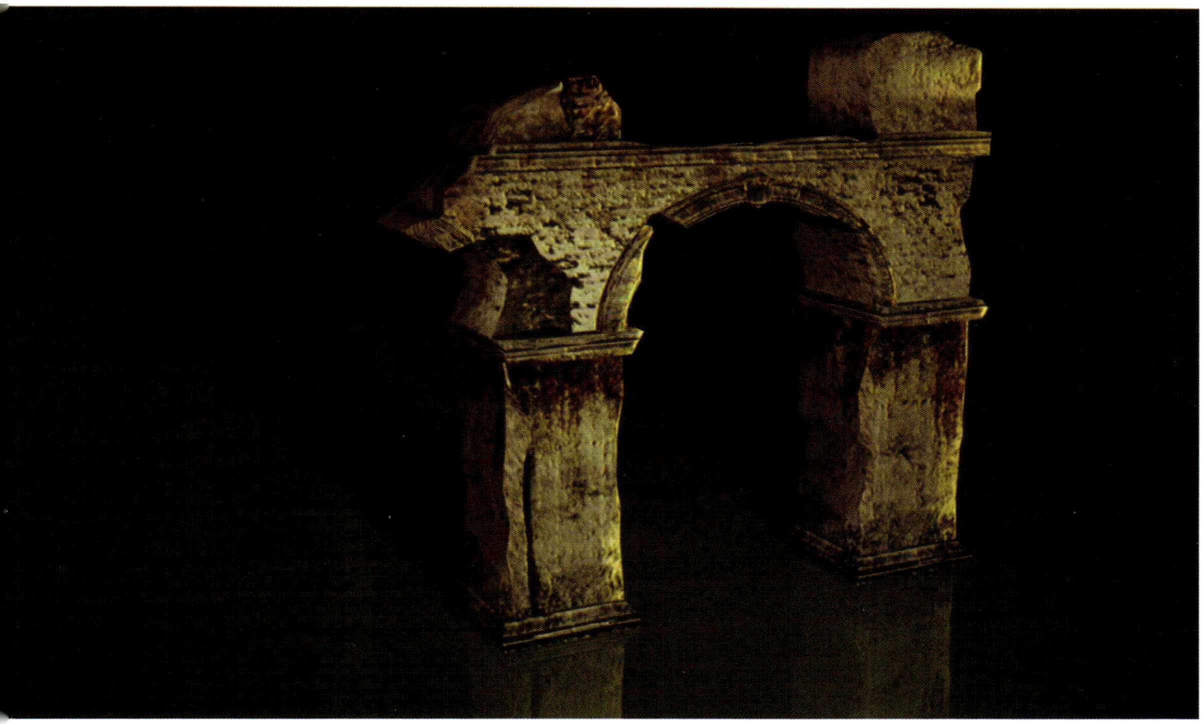

第四章
斯普林菲尔德步枪

🔴 学习内容

斯普林菲尔德步枪(Springfield rifle)是第一次世界大战期间美国步兵的常用武器。在下面的教程中将会为这个武器创建低多边形模型，然后建造一个法线贴图将其模拟为高精多边形。其中我们也会论述关于网格设计连同多级贴图的细节级别(LOD)，即纹理贴图的LOD。

🔴 什么是LOD，如何决定多边形数量

LOD（细节级别）是指网格多边形数量。而Mip Mapping(多级贴图)涉及纹理贴图的尺寸。在决定当今游戏项目方面，以上两者同样重要，且要依靠众多因素，并对项目模型最为关键，也比较接近摄像机视图。对象越接近镜头，多边形数量和纹理贴图尺寸的分辨率就要求越高。以下是几个网格LOD的例子：

了解ＡＢＣ等级

　　"A"级模型也称做"英雄"模型（"hero"models），在多边形细节和特性方面属于最高级别。虽然它取决于对象，但大部分对象平均集中在3000到10000个多边形范围内。人物角色显然构成了这个范围的顶端，一些游戏工作室要求建模师为一个角色创建高达20000个多边形。但不需要超过20000个，因为一个经验丰富的建模者在那个范围内可以创建任何高性能、精细复杂的对象了。

　　最低的"C"级模型倾向于用最少量的多边形来有效地创建对象。一个C级模型大约有200到300个多边形或三角形，这是由工作室的标准决定的。它常常用来建造一个环境中的道具和物体。斯普林菲尔德步枪的课程主要集中在C级低多边形上，一旦你清楚地理解了C级的制作过程，那么就可以进一步细化为一个高精多边形。

点击高低部分是关键

确定顶点如何安置以及在哪里安置的最易方法便是沿着该对象的各个末端进行。在结构的各高、低部分安置顶点将确保构成基本的"架子"。我们也将其称为"代理模型"，有时，一位冷静明智的设计师已经为它建造好了尺寸和比例。架子或代理亦可作为冲突对象，在之后的游戏级别发展中变得有用。

以上显示的三个例子是从低级、中级和高级多边形塑造形状的恰当代表。高级多边形是以Illustrator的Bezier曲线路径被导入，此技术我们会在之后的章节中讲到。

他们会告诉你

大多数工作室已经建立了自己的程序和指南，并会告诉你每个对象的多边形目标数应该是多少。然而，任何模型的最佳起始方式是，保持低计数并逐步增大。

我们将以一个基于图像的模型开始这个项目，并建立一个低多边形盒模型。此课集中于用Photoshop生成的法线贴图创造一个令人信服的优质然而是C级低多边形模型，使它在品质和多边形计数上看起来更加细化。

开始

- 创建一个新的工程目录。
- 命名为Ch04_springfieldRifle。
- 记得设置此工程目录。
- 复制和粘贴模板贴图rifle_Lowpoly.tif到此目录的源图像文件夹。
- 创建一个前模板(Z轴)。
- 创建一个新模板材质，并载入步枪贴图。

你会发现模板贴图上有我创建的步枪图像和红色图像。作为C级的有用模型，红色图像是步枪的块版本，它以最低级的形式但仍然代表着步枪。使用相同的基于图像的建模(IBM)技术，我们将粗略制出这个形状并由此逐步建造。在这一课，我们将创建低多边形版本，复制它，并且修改成一个高精多边形被用作A级模型，也为了创建现实的法线贴图。

▦ 步骤1：开始建模

- 从Front Orthographic（正交前视图）(Z轴)，以Create Polygon（创建多边形）工具开始。
- 我创建了4个多边形，现在将其结合且合并顶点。
- 其次我分割了顶点，然后通过移动所有顶点清除它们的网格位置。

最后的网格是在100个多边形以内。我们现在准备挤压和调整顶点来添加一些维度。

添加维度

这部分可能需要几分钟时间。通过试验，你将学会使步枪加厚的几个独特方式，无需添加较多的多边形。

- 选择这个网格，并挤压面。

- 完全删除背部的面。在我们调整好正部的面之后，镜像这些面。

- 选择顶点或边缘，并移动它们创造一个有倾斜边缘的几何体。不要关注网格的厚与薄。而是集中于镜像几何之后步枪的周长。

镜像几何体

- 在–Z轴上镜像几何体。
- 沿着中间选择顶点并合并。

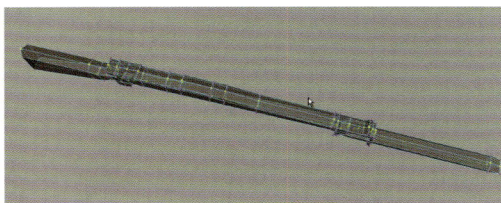

使用变形器迅速塑造对象

变形器的几种类型可以使我们迅速塑造一个网格，但用这些方式会太费时或无法进行其他操作。迅速使枪托逐渐变窄，我们将使用一个Lattice Deformer（晶格变形）。

- 模式从Polygon（多边形）改变到Animation（动画）。
- 确定你的步枪在Object(绿框显示)模式下。
- 点击Create Deformers/Lattice（产生变形/晶格）选择框。
- 设置X、Y和Z的数值都为2。

Autodesk May
File Edit Modify
Polygons
Animation
Polygons
Surfaces
Dynamics
Rendering
nCloth
Customize ...

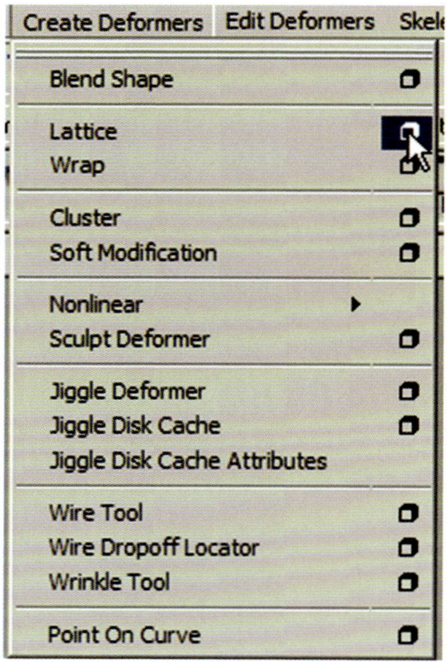
Create Deformers
Edit Deformers
Skel
Blend Shape
Lattice
Wrap
Cluster
Soft Modification
Nonlinear
Sculpt Deformer
Jiggle Deformer
Jiggle Disk Cache
Jiggle Disk Cache Attributes
Wire Tool
Wire Dropoff Locator
Wrinkle Tool
Point On Curve

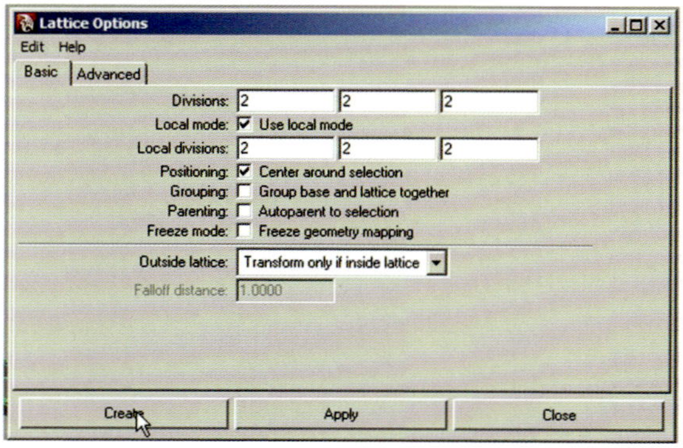
Lattice Options
Edit Help
Basic
Advanced
Divisions: 2 2 2
Local mode: Use local mode
Local divisions: 2 2 2
Positioning: Center around selection
Grouping: Group base and lattice together
Parenting: Autoparent to selection
Freeze mode: Freeze geometry mapping
Outside lattice: Transform only if inside lattice
Falloff distance: 1.0000
Create
Apply
Close

这只是做成一个两格点的简单晶格盒子，但可以塑造出三角形。

- 用鼠标右键单击晶格并选择Lattice points（格点）。
- 拖拽步枪前部的四点，并且在蓝色框内缩放(Z轴)。这将使步枪的前部逐渐变细。

当你拥有了需要的形状后，请删除历史操作痕迹。它便会取消晶格且准许进一步修改。

检查网格使用纹理贴图

- 为你的步枪使用Template贴图，用一个平面贴图(Z轴)。
- 记得按住shift，并加选该模板，以确保UV设置的正确缩放。
- 目前，新模型是：223 faces/444 triangles/221 vertices。

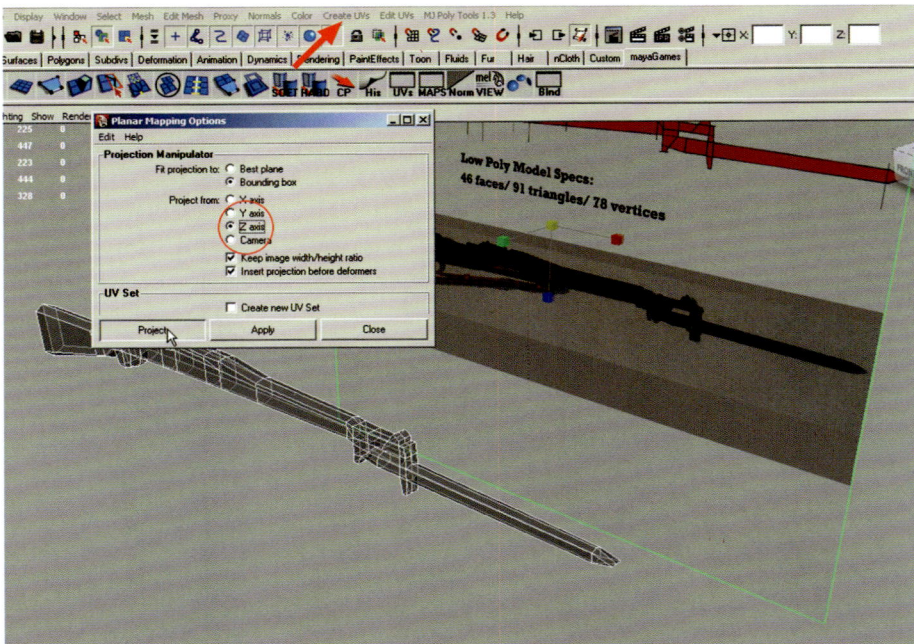

完成低多边形模型

　　为了最后的精化，现在需要花时间检查每个区域，例如刺刀厚度和枪栓方式。

- 创建枪栓，首先创建一个多边形球体。
- 设置Inputs（输入）的Subdivision Axis（细分轴）为8，Subdivision height（细分高度）为6。
- 删除顶面和底面。
- 用Fill Hole（补洞）工具替换它们。
- 挤压顶面，并做1次边缘循环分割。
- 重塑枪栓正确的形状，把它安装到恰当的位置。

凭借你的判断

你大概注意到我讲得越来越模糊和概括。因为，目前为止，你应该适应了Maya的工具和技术，那么就没必要说得太具体。大多模型的建造都需要一双慧眼和更多的实践。

熟能生巧

在我学习的多年中，没有哪两个模型是相同的。每个都有不同的挑战需要一一克服。但我发现，当你反复推敲一个模型，重做第二次或第三次时就会变得比较容易并能取得长足的进步。我的建议是，对这杆步

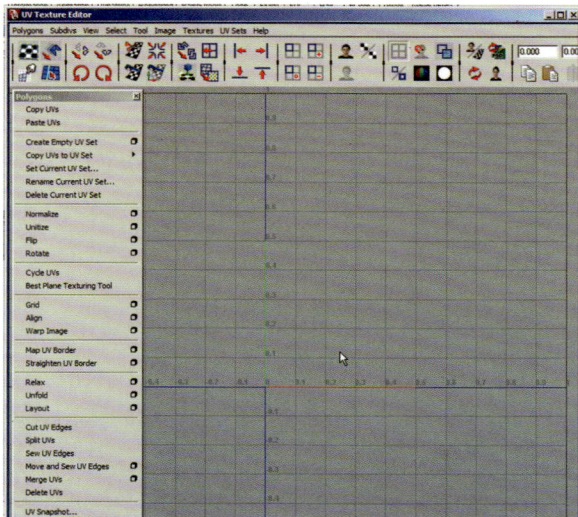

枪多建造几次。每次你会找到更好、更有效的方法来分割面，并且比以往用同样数目塑造的多边形更加真实。

我们最终的网格相当成功，并且平均保持在280个多边形。

添加更多的细节

我们准备为纹理布局最后的UV贴图。如果你想拥有高精多边形模型，那么现在就是添加更多细节的好时机，例如为步枪增添更多的边缘以达到更加光滑的外形，枪栓的细化还有扳机环的塑造。

步骤2: 对完成的步枪运用UV

接下来，便是对步枪运用合理的映射坐标。此时，你可以成功地运用Transfer Map（转移贴图）技术，正如我们之前所做的"破碎的拱门"模型。然而，对于这个模型，我想教你如何有效地使用自动映射坐标。我们使Maya完成基本的UV集布局工作，然后再使用UV编辑器里的各种工具清除每个部分。这一课会让你熟悉那些提高工作效率的众多选项。

UV编辑窗口

UV编辑器以四个象限和一系列菜单为特色。顶部工具架的图标代表许多对应的工具，经常使用的工具在Polygons（多边形）的下拉菜单中。现在，我们将把焦点集中于下列工具：

- Flip（翻转）
- Rotate（旋转）
- Unfold（展开）
- Layout（布局）
- Cut UV Edges（切割UV边）
- Sew UV Edges（缝合UV边）
- Move and Sew UV Edges（移动和缝合UV边）
- UV Snapshot（UV快照）
- Select Shell（选择壳）
- Display Image（显示图像）

准备为步枪UV布局

- 选择步枪。
- 到create the UV/Automatic Mapping（创建UV/自动映射选项框）。
- 看一看选项的默认设置：

  1. Planes是平面贴图，它们将从多少个不同方向投射出。
  2. 注意选项fewer pieces（较少的碎片）或less distortion（较少的失真），请选fewer pieces。
  3. Shell Layout (壳布局) 到 Into Square（正方形里），它将组织我们的UV壳进入右上方第一象限内。

- 选择 Project。
- 打开UV编辑窗口。
- 单击鼠标右键并选择UVs。
- 拖拽所有的步枪UVs。
- 按F键，并选择视图最大化显示。

81

　　你会发现有许多UV贴图，一些是完整的，另一些是非常小的块。由于这是一个对称物体，所以我们可以删除步枪的一半并省下大量时间专注于一侧。

·　　从side Ortho（正交侧视图）选择步枪一半的面并删除。

现在我们可以开始将UV缝合在一起。

- 单击鼠标右键，选择边缘。
- 选择枪托上的一个边缘，注意这是连接UV面的位置。
- 选择Move and Set UV（移动并设置UV）按钮。
- 此面吸附到托柄。

Move and Sew（移动和缝合）工具的益、弊、丑

- 益：能快速连接UV的面并重建。
- 弊：有些面会出现无法接受的重叠，特别是为法线贴图。
- 丑：只是移动几条无碍的边缘便会导致变形并扭曲最终结果。

做些什么？

欢迎来到令人头痛的UV布局。恰当的UV布局实际上是一种艺术形式。如果你喜欢难题，这便是个机会！我见过许多模型师只做到自动映射而把这头疼的麻烦留给了材质贴图工作人员——确实不好做。因此让我告诉你几个解决方案和技巧，使得布局少一点麻烦（只是一点)。

将步枪分离成小块

- 按Z键撤销，直到托柄恢复到移动面之前的状态。
- 分解托柄、枪管、刺刀等。
- 选择托柄的面，并点击Flip（翻转）按钮。
- 再次点击Flip。

使用Move and Sew（移动和缝合）工具

- 选择UV一侧的边缘。
- 连接的侧缝将自动高亮显示，表明正在连接边缘。

我们现在准备进入下一步骤，生成UV快照和绘制一张Block-Out（草样）纹理贴图。

步骤3：为纹理制作草样

基本的纹理贴图

我将这个技术称之为"草样"，因为我使用了基本色调来代表贴图的不同部分。例如，枪托将是中褐色，枪管是深蓝色等等。这样，便可以在纹理过程中立刻辨别出每个部分。也可以在你绘制的地方添加基色。

创造一张UV快照

- 选择步枪网格。
- 打开UV编辑窗口。
- 选择Polygons/UV Snapshot（多边形/UV快照）。
- 浏览你的项目文件夹。我把快照安置在图像文件夹中。
- 确定设置是1024×1024。
- 选择OK。
- 快照将在你选的文件夹中被Photoshop打开。

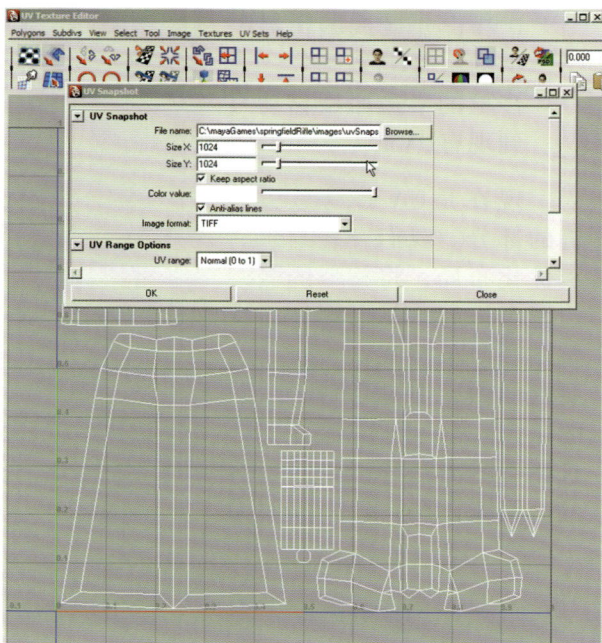

创建草样贴图

我要创建一个快速颜色贴图，我称之为"草样"纹理。它是一个简单的2D着色，在适当的网格面上设置基本色。因为绘制纹理有时可能需要几天，有时也会安排几周，所以它在生产期间迟早有用。草样使物体更具吸引力，而不是在游戏中作为棋盘格的着色或单调灰色的网格显示。它也能立刻显示出存在UV错误的位置，特别是在细小的面上。

- 在Photoshop中打开outUV.tif文件。
- 创建新的图层，并将它安置在快照图层下。
- 将图层设置改变到Screen（屏），这将使黑色背景透明。
- 把棕色基色运用于快照下的图层。
- 为枪管(深蓝色)和刺刀(银色) 仔细添加不同颜色。
- 在图层中保存你的PSD文件。
- 保存一份复制文件，作为TIFF文件（标记图像文件），保持可视略图。

如果你保留略图，任何错误或者拉伸UVs都很容易被识别出来。

对纹理贴图添加细节和真实感

在检查正确的基色和映射后，我开始对纹理贴图添加写实性。首先，收集一些图像，类似于这个步枪的金属和木质。这是我准备工作的几张图像或照片：

没有必要做得"天衣无缝"，因为它们正在被独特的UV集覆盖，也不需要瓦片纹理。马上我会覆盖这些缝。基本思路是：首先叠加木头和金属纹理的照片或根据艺术风格和你的技术水准手绘细节。为了产生真实的枪托，我打算使用照片而不是手绘质感。

我会从模板照片中剪切一部分，并把它们作为覆盖物，以此加强步枪纹理的阴影和高光。

在它与我的草样贴图结合之前，这是被分开的图像贴图。

经过Photoshop的修饰和精化，这是最后的综合纹理。

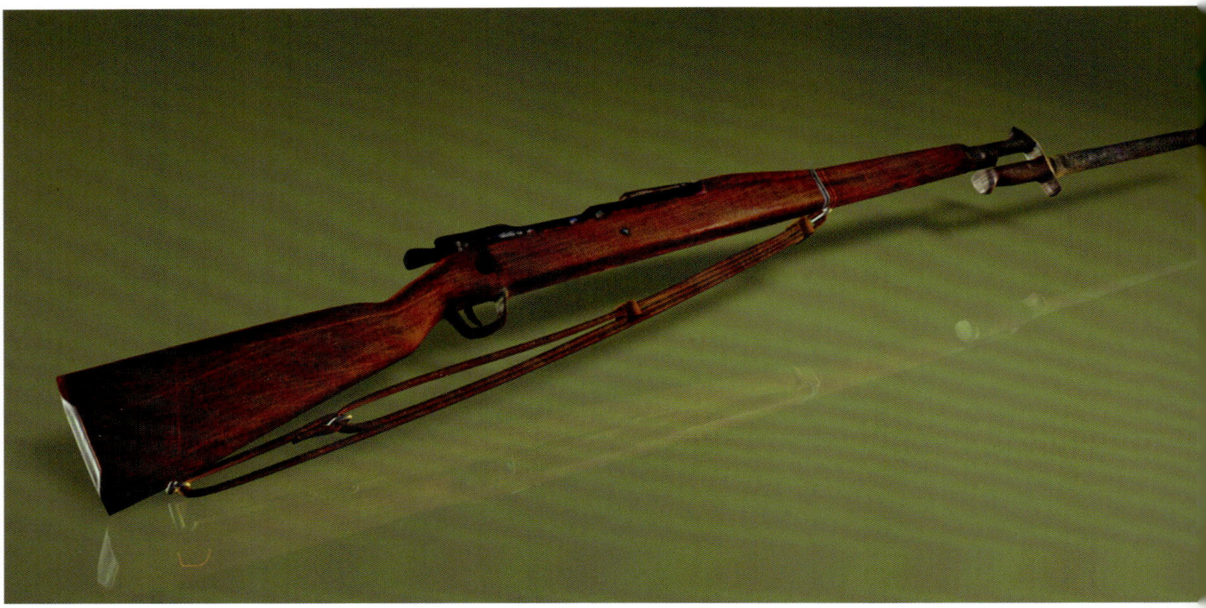

第五章
虚拟摄像机投射建模

摄像机投射主要是电影业常用的程序。它是一种使模型转移到一段背景板上（静止的视频或照片）的技术。然后3D元素映射到它们的投射背景图像，比较容易和迅速地创建一个虚拟的3D布景设计。

这一过程最大的困难是让3D摄像机的透视与实际摄影镜头相匹配。这将会是一个挑战，甚至你得掌握焦点设置。如果尝试手绘草图会更加困难，造成更多挑战，因为艺术家可能已经不使用正确的透视点了。

那么，为什么要介绍这种建模技术呢？很简单。以我在游戏界的经验来看，一位建模师不能总是依靠正交视图提供的草图（顶视、侧视和前视设计草图）。即使有额外时间花在设置摄相机、建筑模型和调整模型上，这种技术也会使这三件事变得显而易见。首先，这一过程比运用目测概念艺术的传统方法更快。第二，与原物更加接近。第三，概念艺术可以作为基础纹理使用，使你更容易创建纹理贴图。

为何要用虚拟摄像机投射？

找到合适的角度和焦距是一个艰巨的任务，特别是当你必须快速完成一个模型，一个开发团队还在等待它的时候。因此，这里有一个非常有效的"偷懒"的方法并能硕果累累。

现实情况是……

按道理，一个建模师将对每个模型、建筑或者车辆提供一个三面的正交视图，以助精确建模。但在现实的设置中，经常会遇到项目已经赶到最后期限或者存在人手短缺的问题。所以我们需要真正的创作，极高的效率。在过去多年的经验中我尝试准确地接触样稿艺术，现在我已经研究出一种技术，可以从一个透视图像开始建模，一旦粗略勾出原形便可以"纠正"网格。然后，纹理艺术家可以继续添加更多更好的细节，生成一个新的图像贴图。

提示： 如从概念到模型到纹理贴图并不是一个简单的从开始到结束的线性工作流程。我建议往返流动。例如，概念部门提供一个粗略的草图或颜色样稿，由建模部门迅速构建一个模型。工作人员设置好UV贴图之后，将其送回样稿或纹理部门进一步细化。此时，该建模部门可以提高或重建更详细、更严格规范的模型。一旦模型完成，就只剩贴图的工作。那时将传回纹理部门做最后的细化和法线贴图。

步骤1：开始

准备模板图像

我有一个好朋友叫安迪·霍约斯，是一位专业的概念艺术家，他在游戏界工作了将近十年。如果在一个专业游戏工作室的建模部门工作，那么对于这种艺术，设置共同的标准是非常有必要的。当然，人们也可以目测建筑并把原初的想法合理地表现出来。但是，当我再次告诉你一些方法和技术，你就可以实现一个酷似的模型，而不必过多推敲或者重做。

因为这是一种艺术性的渲染，所以会有一些缺陷，比如透视略微偏离。为了帮助建模，我绘制了视平线（绿色）和两点透视线（红色）。

在这一课为了进一步说明建模，我也创建了一个草样模板，以显示我们将建造的基本原始形状。

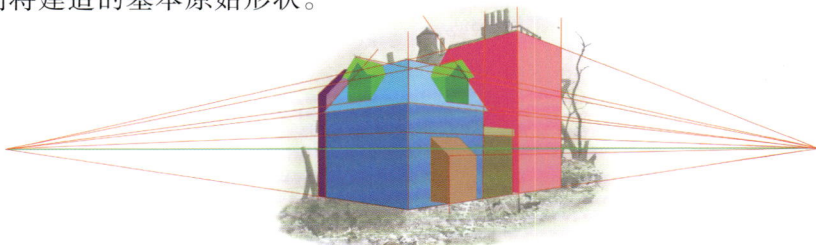

最后，这幅分解图展示了所有的个体形状。

开始设置场景文件

为了使这一课变得更容易和避免复杂化，我已提供了一个场景文件，包括正确的摄相机设置和模板的安置，建模一切就绪。你甚至可以保存这个文件，并通过简单地交换模板图像，把它用于将来的建模项目。首先打开mayaGames/Ch05_DestroyedBuilding/scenes/startScene.ma。

步骤2：设置摄像机

摄像机设置过程

当你用概念应用艺术设置了初始模型模板之后，一定要把视平线与网格水平线排齐。下一步是设置一个摄像机和锁定目标，将网格基础对准0/0。这样就能确保相机总是观察正确的视平线，这也是为什么在模板图像上设置视平线的原因。

目前，你可以随时查看对象的属性（包含该项目的所有信息），窗口的默认值嵌在右侧面板的通道控制中。在工作的同时，它会令人沮丧地不断变化这些属性；一个单独窗口中的Att Ed可以将它最小化，这样我就能继续工作，而且可以随时查看它。

- 选择Create > Cameras > Camera and Aim(创建 > 摄像机 > 摄像机和目标点)。
- "X"轴吸附（网格吸附）Aim到网格0/0的位置。
- 只移动摄像机的 Z 轴或 Y 轴定位。
- 一旦定位，高光强调modelCam(模型摄像机)的所有通道，并单击右键，从下拉菜单中选择Lock Selected（锁定选择），这将确保该相机在建模时不会意外移动。
- 如果需要，锁定模板平面防止移动。

步骤3：开始建模

创建多边形立方体

创建一个基本的立方体：移动、缩放、旋转到恰当的位置，然后挤压面。你可以将每幢建筑物自由建造为多个立方体，但是，在这一课我将演示如何通过使用一个受挤压的网格来创建这个建筑物。

- 选择Create > Polygon Primitives > Cube（创建 > 多边形基本物体 > 立方体）。
- 点击Insert（插入）。按住V键，把枢轴吸附到立方体的下角。
- 再次按Insert，使操纵器正常复位。
- 把立方体移动拉伸到蓝色建筑的下角。

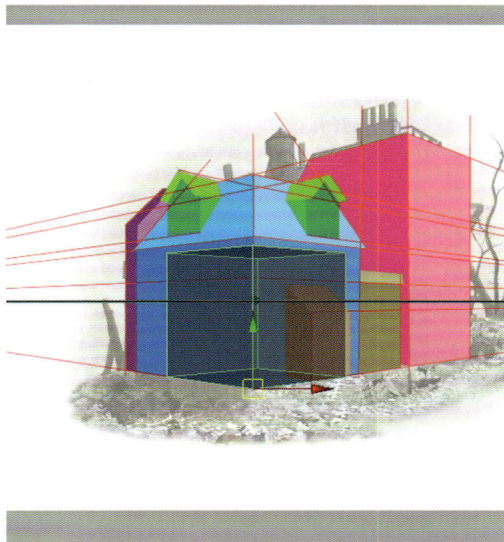

- 相应地旋转、缩放立方体使它占满蓝色建筑的下层部分。

挤压屋顶的面

现在我们开始挤压屋顶的面。你可能会发现将视图面板分成两部分是有利的，一个显示Persp（透视图），另一个显示modelCam（模型摄像机）。

- 选择立方体的顶面。
- 从自定义工具架选择Extrude（挤压工具）。
- 点击挤压操纵器的任意方形以激活蓝色中心的缩放。
- 缩放屋顶的底面。按G键（重做命令）和挤压屋顶的顶部。
- 使用缩放操纵器来缩放屋顶轮廓线。

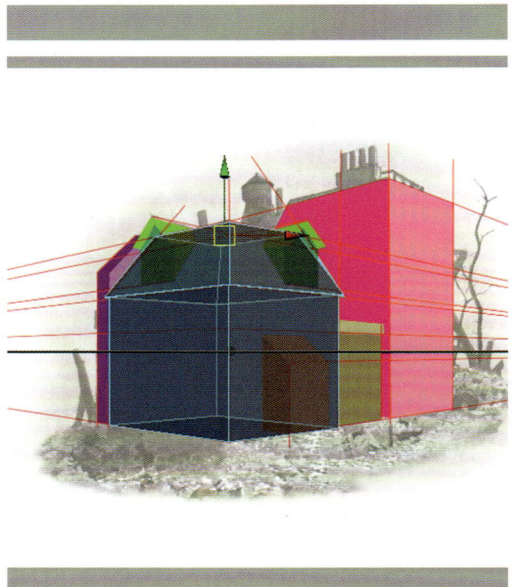

创建"工具棚"

在本章的整个课程中将连续重复同样的过程。所以我不会详谈每一步，仅对需要解释的部分作细节描述。请跟随图像的指引。

- 在挤压和缩放棚面之后，使用绿色箭头向下移动面。

- 完成棚的结构。如果你的模型与所示图像在比例方面不尽相同，也不必担心。

99

- 挤压墙的侧壁，建造褐色建筑的上下部分。不必担心。

　　粉红色的建筑由两个部分组成，因为你是从底部褐色建筑的墙体上挤压出来的。之后我们将清理所有不必要的边缘。

- 最后一个挤压是把正面墙拉出适当的距离，此时就完成了粉红色的建筑。

最后的墙体

还有一个对象需要运用更多的挤压技术。顶角可能很难从modelCam缩放，如果需要角度匹配，就得使用透视试图。

修整其他墙体

现在保存模型，并修整所有墙壁形状使其尽可能地匹配概念图像，这些操作可能在 modelCam 摄像机中很难进行。

创建车库门口

创建开放的车库需要最后一个挤压。

审查你的进展

此时可以利用一个新的不透明的着色器更加清晰地观察模型。我保证你会同意，这是一个简单有趣的建模方法。最酷的是，如果需要，我们便可以用概念艺术作为基础纹理贴图。

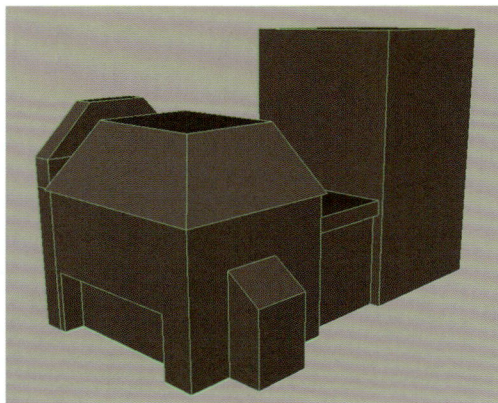

清理车库地板

删除不再需要的两个面。

- 选择车库门口地板的面，删除。
- 选择建筑物整个底部的面，也删除它。

步骤4：窗户的建造

要完成我们的模型，我们将建立一扇简单的屋顶窗户。你可以像以前那样使用modelCam内的模型完成相同的过程。我将迅速地画出这个网格的草图，之后在相机中相应地调整缩放。

重新建立一个基本立方体。水平分割这个面，然后合并顶部前后顶点，快速创建一个倾斜的屋顶。

- 创建一个立方体的形状。
- 进入Edit Mesh > Insert Edge Loop Tool(编辑网格 > 插入边缘循环工具)。调整高度。
- 合并两个前顶点和两个后顶点来创建屋顶顶角。

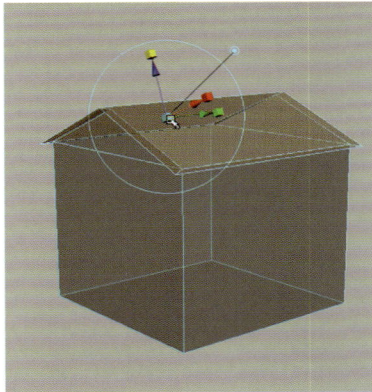

挤压屋顶

遵照以前相同的步骤。选择屋顶的两个面，并相应地挤压出形状。

在切割面的斜角之前，观察一下窗户的形状。

使用切割面工具

Cut Faces Tool（切割面工具）是Maya最有趣的工具之一。让我惊奇的是，它可以从任何角度有力地切断任何网格或复杂的物体。小心使用这个工具，留神误切！

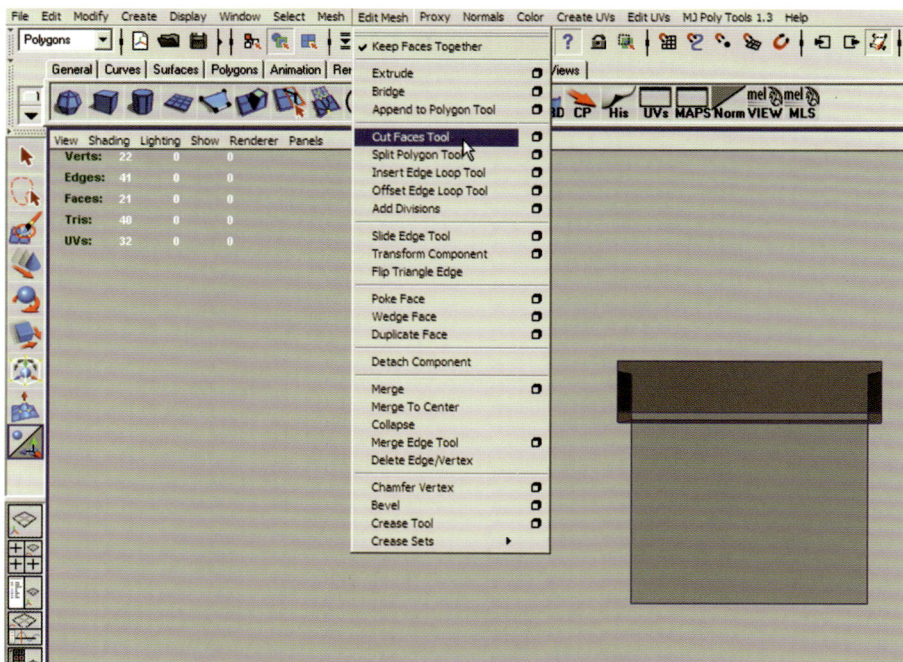

　　为了确保操作正确，请切换到侧视图。我隔离了对象,这样就可以把注意力集中在窗户上，而不受建筑物对视线的干扰。

- 进入Edit Mesh > Cut Faces Tool（编辑网格 > 切割面工具）
- 光标会变成一个箭头，旋转至理想的角度。
- 按住Shift键将以45°和90°为增量旋转。

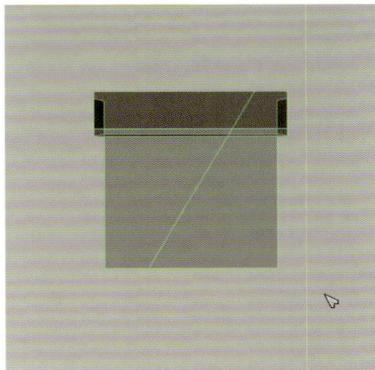

选择不需要的面并删除它们。

将窗户安放在适当的位置

现在我们在ModelCam中移动、旋转和缩放新窗户的形状，把它们安放在此建筑中。这部分是富有挑战的，所以建议你和以前一样用两个视图同时工作。

首先缩放一个窗户

重要的是，在第二次复制之前，做好一个适当的窗口并缩放，直到你满意为止。因为这是原图，窗户可能在比例上不会和图像准确地匹配；显然，更重要的是让这两个窗口有相同的形状和比例。

做好窗户可能需要一些时间和耐心。坚持下去，并确保底部是在屋顶内恰当的位置。

审查此前的工作

现在，我们用不透明的着色器为窗户形状着色。坐下来，花一些时间审查你的工作，放松休息一下。你做得很好，年轻的绝地武士。给自己打个满分，击掌勉励吧！

▓ 步骤5：投射映射模型

应用UV摄相机投射

好了，让我们继续使用概念图像作为基础纹理图像。

在继续操作之前，你可能需要重新运用透明着色器。

- 选择Create UVs > Create UVs based on Camera（创建UV > 基于相机创建UV）。
- 打开UV Texture Editor (UTE)（UV纹理编辑器），查看布局。

修整UV比例

你首先会注意到，UV布局的比例不准确；无论哪个都不是模板贴图，因为它的大小异常（有意这样做的）。因此，让我们做些变化。

改变UV图像比例

在Maya你有两个选择。要么用UV编辑器缩放图像与一个方形格式相配，要么更改格式比例以适合图像比例。第一个选择显示对象的UV坐标，第二个拉伸了它们。两者都可以使用，现在，我们有一些工作摆在面前。

- 在UV编辑器，选择Image > Use Image ratio（图像 > 使用图像的比例）。
- 在模板图像中，选择UV并缩放到最佳。

把它带入一个新的水平

用一点时间细化门、窗和碎瓦砾，你就能立刻达到电影品质的模型了。在第三章（破碎的拱门）中介绍了"碎石"技术，它会对进一步"破坏"这个庞大的建筑物有着巨大改善。

▓▓ 完 成

一旦缩放了UV坐标，你可以将贴图转移到一个已经妥善建好壳的复制建筑上。如果这个模型是以最小的相机摇拍的一个背景场面，你也可以留下它。尝试创建一个新的摄像头和在各方位略微旋转模型。你会注意到你可以侥幸做成15°的旋转和几乎所有方向的摇摄。

继续前进，添加一些灯光。甚至做一个凹凸贴图，看看能把这个简单的场景处理到怎样的效果。

　　这是最后的渲染图像。请注意，设置没有特殊的纹理或UV贴图是为了产生这种渲染。它只是将概念艺术图片投影映射到建筑网格而已。

第六章
著名的 Sopwith Camel（索普维思骆驼战斗机）

关于 Sopwith Camel 双翼战斗机项目的想法

当我开始对Sopwith Camel双翼战斗机进行研究时，发现要想获得当年那家工厂的图纸和计划几乎不可能。可以利用许多按比例缩小的模型设计图，但是它们都有某种程度的变化，因此挖掘精确的Sopwith设计图是个巨大挑战。

我的深入研究起源于这款飞机背后众多的故事。1918年4月21日，当王牌飞行员罗伊·布朗（Roy Brown）驾驶着骆驼战斗机成功地击落了"第一次世界大战"时王牌中的王牌曼弗雷德·冯里·希特霍芬男爵（Baron Manfred von Richthofen）——也就是臭名昭著的"红男爵"时，这架战斗机便闻名遐迩了。

我为这个项目提供了模板，每次的更改和修正都产生了更细致精确的方案计划。在开始制作任何3D模型（或概念图像）之前，我不能强调研究和挖掘参考图像的重要性。但是，这一个项目促使我进行了深入研究。我沉浸在Sopwith的历史中，了解关于它的过去、它的飞行员，当然，还有它的结构。我希望当你建造这个模型时，也能像我一样找到许多乐趣。

115

▦ 在开始之前

把项目分解为易处理的部件

本书所有课程的根本目的是教你用Autodesk的Maya和Mudbox的工具和技术创造新一代品质的3D模型，但在这些课程中寓教于乐也是非常重要的。因此，建立一个复杂模型的过程，如Sopwith Camel双翼飞机，需要将它分解成小块部件，使它便于理解和易于处理。

Sopwith的10个主要部件

- 轮胎
- 机翼
- 机身
- 机尾
- 尾翼
- 驾驶舱
- 机枪
- 螺旋桨
- 支撑杆
- 各种线和杆

因此，该飞机由10个主要部分组成。令人激动的是，这些对象中的每一个都是对称的，这意味着只需要塑造部件的一半或在某些情况下只需四分之一。这是组成此模型的所有部件的粗略布局。

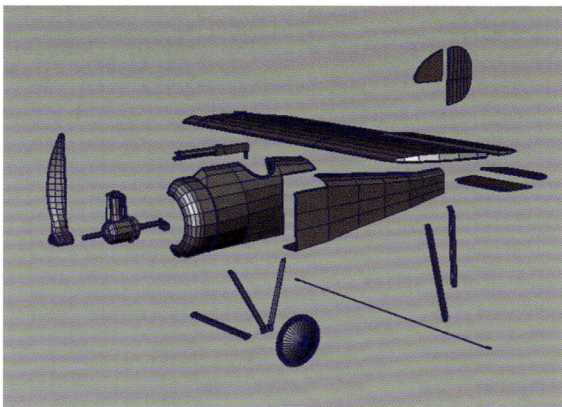

以机翼为例。我们有两个翼，实际上是四个半翼，那么一个小网格只需物理建模、UV布局和纹理贴图。其余过程涉及复制或镜像几何。

这便是塑造这架双翼飞机的一切。太简单了吧？这不可能是真的。虽然基本形状很容易获得，但是准确塑造出当年的风采却是很大的挑战。我之所以告诉你，是因为作为建模师，你的工作是在创建第一个多边形之前，尽可能多地搜集项目参考和研究资料。在考虑塑造这架飞机之前，我在网上和书店花费了一个星期着手综合研究，尽我所能地探索。我知道如何建造，那是最容易的部分。但是准确地塑造这架飞机时常令我抓狂。这款杰出的飞行器没有图纸流传下来。我设法找到了一家公司，它可以提供一套符合历史的准确图纸——但为此需要支付5000美金！

我也设法建立了一个Sopwith图片库，现在存有从不同来源获得的500多个图像。互联网、图书馆，甚至是西雅图博物馆的飞行馆都为此项目提供了宝贵的图像资料。我建议你在建造一个准确的历史项目之前，正如我对这架双翼飞机所做的同样的准备工作。

在开始之前还有一件事情

在装配之前，我们将这些对象中的每一个零件进行UVs布局。提早布局UVs，避免了后期的大堆麻烦。

审视完成的第一个场景

塑造前的总括

我想你会喜欢完成的模型：Ch06_SopwithCamel/scenes/planeComplete.ma。创建这架飞机的每一步都要倾注相当的时间和精力，保持简单的网格和便捷的建模技术才能细水长流。特别注意每个部件放置的图层，恰当的命名，冻结变换和枢轴吸附到原点。当然，还要仔细观察我是如何布局UV贴图并完成纹理贴图绘制的。

开始

使用准备好的模板场景：Ch06_SopwithCamel/scenes/planeStart.ma。所有的模板都被安置在各自恰当的位置，并且跟据每一建造步骤，一切必要的图层都被设定好了。

起始阶段的场景为所有必要的零件准备好图层。

步骤1：创建轮胎

创建轮胎是件容易的事，因为我们会让一个基本的圆环做大量的工作。我们首先来讨论细节级别(LOD)。制作的轮胎看起来要平滑而无棱角，符合老款，另外，我们还要在多边形上下功夫；因为机身和机翼只需几个多边形便能完成造型，所以我们可以运用这里的节余。现在让我们创建一个圆环。

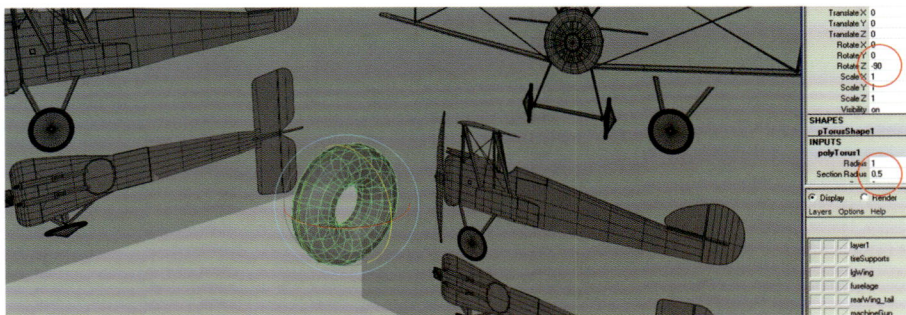

- Create > Polygon Primitive > Torus（创建 > 原始多边形模型 > 圆环）。
- Rotate > 90 in the Z axis（旋转 > Z轴90°）。

119

- 在侧视图区，设置INPUTS（输入）通道的圆环Section Radius（截面半径）为0.1。
- 缩放圆环的形状，尽可能地与图纸大小匹配。

- 在前视图，移动圆环与图纸的前部对齐。

挤压出轮毂罩

这里是一个挤压内部轮毂罩的简易方法。

- Select > Select Edge Loop Tool > Double-click（选择 > 选择边缘循环工具 > 在内圈边缘双击箭头）。

- Select > Convert Selection > To Faces（选择 > 转换选择 > 到面）。

在边缘循环的每一侧的面都高亮显示。

- 向内挤压这些面 (蓝色箭头)到轮轴的近似直径。
- 选择并删除这些面，分别在两侧创建了一个洞。

创建轮轴

- 选择外侧洞的一个边缘并且点击Mesh > Fill Hole（网格 > 补洞）。
- 内侧洞重复此操作。

- 选择内、外侧轮轴的面，都向外挤压。

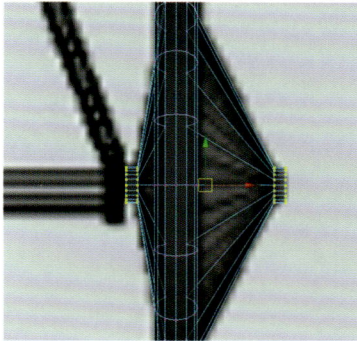

- 在前视图，选择轮轴两侧的顶点，并在X轴对其调整，以符合图纸。

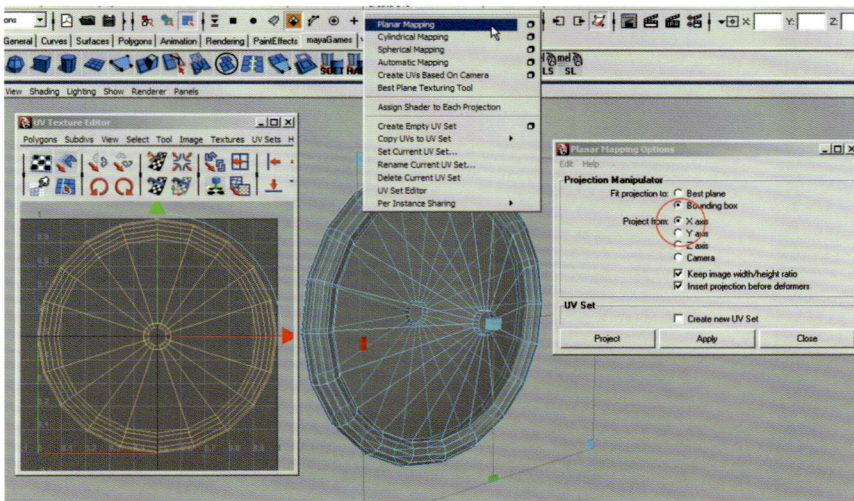

运用UV集

我们完成了轮胎模型，并在这个网格上使用一个简单的平面贴图。

- Create UVs > Planar Mapping Options > X axis（创建UVs > 平面贴图选项 > X轴）。
- 点击Project（项目）。
- 在轮胎图层通道单击鼠标右键，并拖选Add Selected Objects（添加选定对象）。
- 暂时关闭该图层的可见性。

123

步骤2：创建机翼

创建机翼简单而有趣。当使用Create Polygons（创建多边形）工具时，记住，尽可能少地使用顶点。并且，如果你打算把面分割成相等的部分，那么在每一侧使用相同的顶点计数。

创建一个简单的多边形状

建造机翼，从一个独特的形状创建比努力挤出一系列盒式形状容易得多。这是一个简单而有力的工作流程，会帮助你获得巨大效果。

- 从顶视图开始。
- Mesh > Create Polygon tool（网格 > 创建多边形工具）。
- 从顶行开始，顺时针沿着顶点边缘而行。

如果有些顶点不在正确的位置，也不要担心。我们以后会校准。

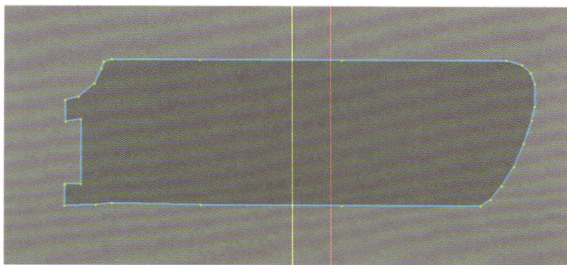

我们将用 Split Poly（分割多边形）工具把网格面分离。

按照图示，首先垂直分割行，其次水平分割。再者，如果你的边缘参差不齐也没有关系。

修整不齐的边缘非常简单。

- 拖拽一整行的顶点(仅一行)。
- 用Scale（缩放）工具平整边缘(绿色缩放框)。

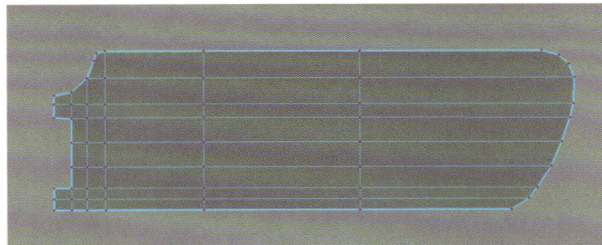

为垂直和水平行使用这个技术。如果需要，可以用Alt加Page键移动箭头，从而精化顶点，每次一个像素。

125

- 一旦完成，选择该形状。
- 运用一次挤压，并下拉以此创建机翼的厚度。

由于机翼的顶部有一个略微不同的外形，所以我们需要在中间分割机翼的厚度。

- Edit Mesh > Insert the Edge Loop tool（编辑网格 > 插入边缘循环工具）。

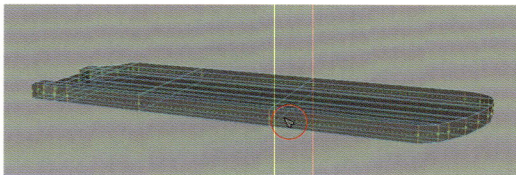

- 将箭头放置在垂直的任意边缘并点击拖拽。
- 当你将其拖到满意的位置时，释放鼠标。

126

- 通过选择顶部行和底部行并轻微移动机翼来形成边缘曲线的斜面。围绕机翼外部形状一直进行此项工作。

警告: 不要对机翼内侧做斜面，以后会镜像。

- 在侧视图，按照图形调整顶部行顶点。中部和底部行应该保持平直。

这是完成的机翼外形。

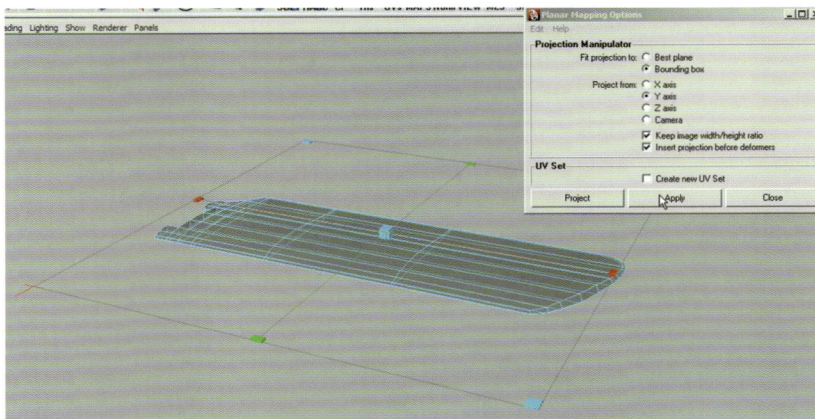

- 现在正是添加UVs的好机会：Planar Mapping > Y axis（平面映射 > Y轴）。

我们现在要从机翼中拆分出副翼。

- 选择右上角显示的绿色面。
- Mesh > Extract（网格 > 提取）。

修理网格洞

- 选择飞机副翼并在View视图区的菜单栏隐藏之前做好的主翼。
- Show > Isolate Select > View Selected（显示 > 隔离选择 > 查看所选）。
- Mesh > Append Polygon tool（网格 > 增补多边形工具）修补在一侧的洞。紫色箭头表明用于连接边缘的方向。

这是补好面的副翼。

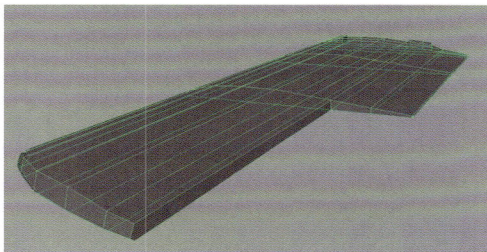

这是补好面的完整主翼。

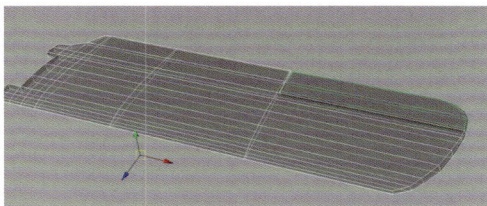

这是完成的机翼网格。选择主翼和副翼：

- 鼠标右键单击lgWing图层并点击Add Selected Objects（添加所选对象）。
- Delete All History（删除所有历史记录）并保存你的项目场景。

步骤3：创建机身

简易的立方体锥化

这似乎是一个复杂的形态，但我仍然会向你展示一种简便的方法。

去除"机翼"模板

还记得堆放在网格平面图上的两个模板吗?由于我们完成了机翼顶面模型，所以我们可以掩藏(H键)或删除上部模板来显示底部模板，并在适当的方向看到塑造的机身。

为什么不能选择这个模板?

你不可能选择该模板，因为它被锁入Render（渲染）"R"模式。点击模板R图层，直到框是空的。现在尝试选择该图像平面。记住，一旦你锁定其他模板，请再次点击。

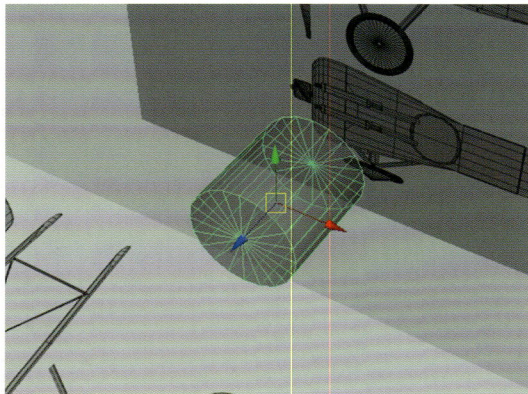

- 现在，我们将以简单的圆柱形开始。
- 将它在X轴旋转90°。

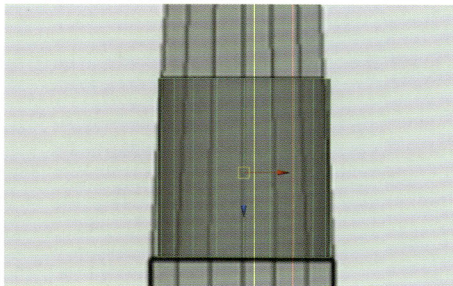

- 从顶视图，大致缩放和调整它的大小以符合机身的第一个部分。

- 将底部两侧的各三个顶点铺平，迅速形成此形状。

- 使用同样的程序，选择顶点并将其缩放铺平。

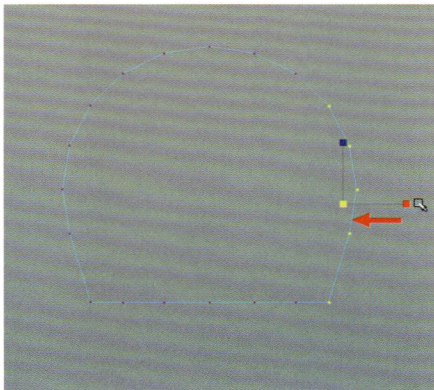

- 然后选择侧面的三个顶点和底角顶点，并在X轴缩放铺平。

- 对另一侧面进行同样的步骤，然后均匀地调整形状。

这是你应该做出的形状。

- 调整两侧边缘行，与图样一致。

- 将后部拉成锥形。

- 如果需要，也要缩放后部。

选择后部的面并挤压一次，完成机身的末端。

- 如图显示，现在对剩余部分添加边缘循环分割。

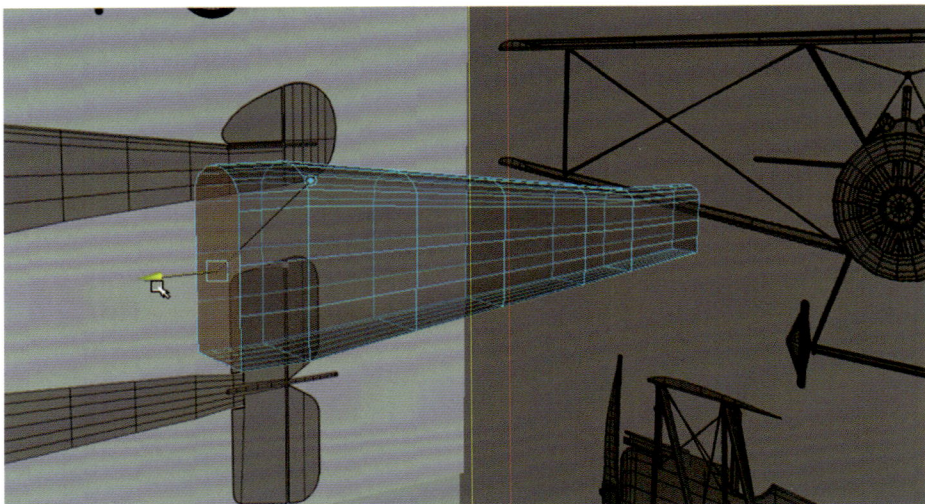

- 对前部的面进行一次挤压。

- 如图，将前部上移到驾驶舱部分，然后底部前排也相应移动；删除顶部，因此可以不用费力地倾斜边缘。

- 现在需要去除机身网格前部和顶部的面，选择并删除它们。

如何处置额外的边缘行？

- 哦，是的。现在选择机身两侧的边缘行并删除。

请别忘记删除那些曾连接边缘的剩余顶点。

- 最后，在机身背部分割多边形边缘并清理网格。

- 选择机身和模板网格。
- 从X轴应用平面贴图。

很简单吧？

步骤4：创建尾翼和机尾

快速而简单的重复

正如洗发水瓶子上写的，"反复冲洗"。对于尾翼和机尾，完全重复机翼（主翼）的操作过程就可以了。因此这里不需要太多的解释。

请记住以下几点：

1. 设法保持对称多边形两侧的顶点数相等。
2. 记住在正确的轴上运用平面UVs (你可以一直检查View区左下的轴指示来检查方向)。
3. 在完成一个模型部件时，总是点击All History（删除所有历史）。
4. 将网格添加到名为rearWing_tail的适当图层。
5. 保存场景文件。

猜到了吗？你完成了一半!

了不起的工作。现在，喝点茶或咖啡，休息一下。在电脑行业工作，抽时间放松你的双腿、脖子、手腕是非常重要的。这是个累人的行业，如果你的身体和精神不能适当休息，那么你很快会筋疲力尽。

击败红男爵：Sopwith Camel 简史

Sopwith Camel 最著名的胜利

争论依然存在，曼弗雷德·冯里·希特霍芬男爵（被誉为"红男爵"），曾经最恐怖的飞行员，他的死亡究竟是加拿大王牌飞行员罗伊·布朗所为，还是地面火力给予猛烈攻击致死？据说，1918年4月21日那天，当男爵驾驶三翼机紧咬住威尔弗莱德·梅的"Wop"战斗机时，却被后方开着"骆驼"的布朗——一个有着13次战功的王牌飞行员穷追不舍。布朗前来援救梅并试图拖住男爵，造成男爵负伤迷路而远离联盟线。当他返回时，受到地面火力致命的攻击而被击落。

▓▓ 步骤5：创建机枪

这一课，维克斯机枪被简化了，因为它在游戏中几乎看不到，除非使用在电影的射击特写镜头。我只是挤压了必要的零件和在纹理阶段使用照片参考来简化这个模型。

简化细节

最初的步骤很简单。我主要使用了一个盒式模型技术，你知道怎样操作。因此这一课言简意赅。

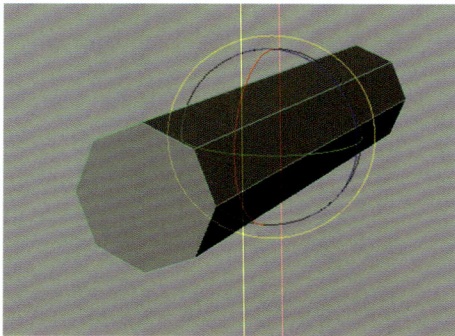

- 创建一个圆柱体。
- 在INPUTS（输入）下选8 sides（面），0 caps（封盖）。
- 在X轴将其旋转90°。

- 挤压前、后部的面各两次，创造外边圈。

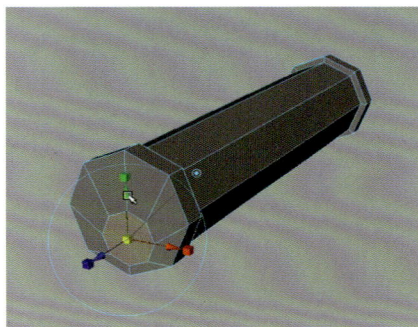

- 再挤压一次前部的面，缩小它并垂直向下移动，创建出前部枪口。

- 一定比照图样，适当缩放和安置形状。

将后面的八边形修改成立方体。

- 选择前部的三个边缘。
- 在Y轴缩放它们。

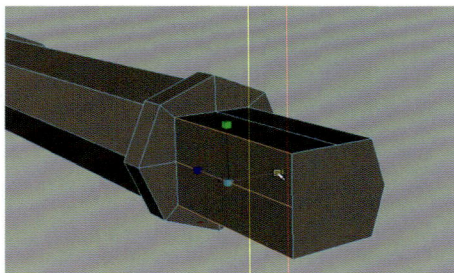

- 对底部和侧部做同样的操作，直到你有方形的四个侧面。

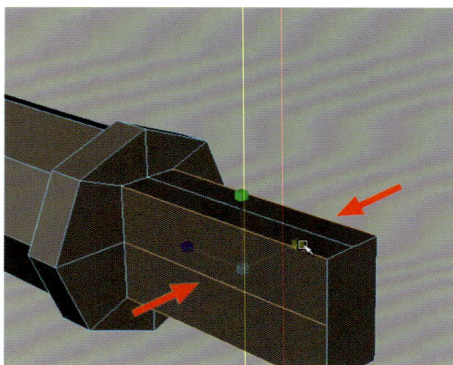

- 缩放两侧使其变窄。

- 再挤压两次创造出枪柄或扳机。

使用顶视图保证枪管和枪托的恰当缩放。

在顶部需要向内缩放挤压一次。

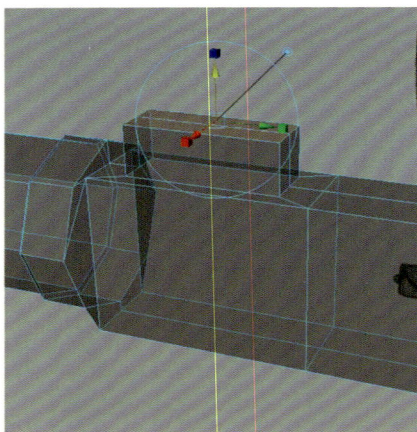

这次向上挤压。

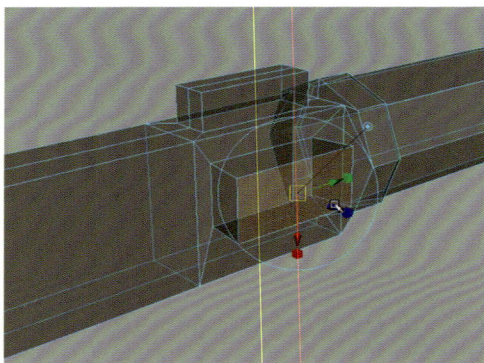

- 为侧面弹夹完成同样的过程。

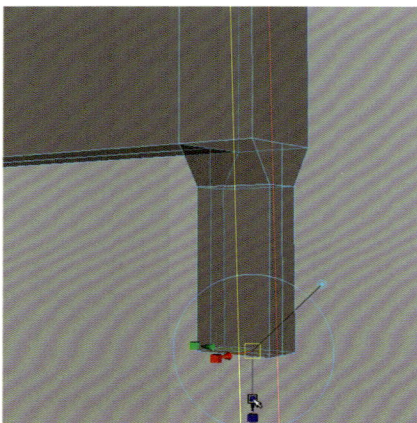

再挤压两次做成枪柄，如图所示，一次缩放逐渐变细，另一次向下挤压。

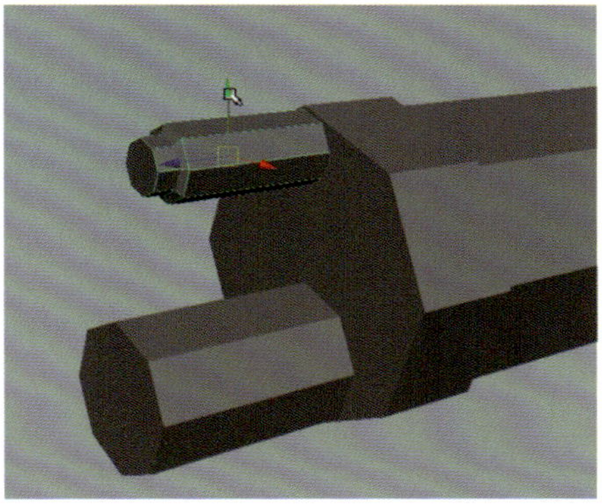

第二枪口是由一个新建圆柱体经过两次简单挤压创造出来的。现在把它移进枪管网格。

将两个对象合并成一个网格。

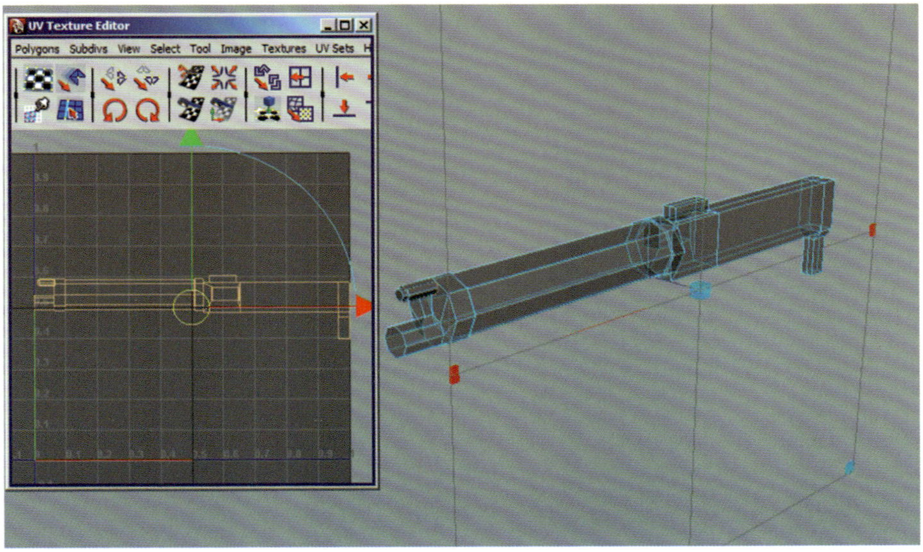

- 选择此枪。
- 从X轴运用一个平面映射。

步骤6：创建引擎

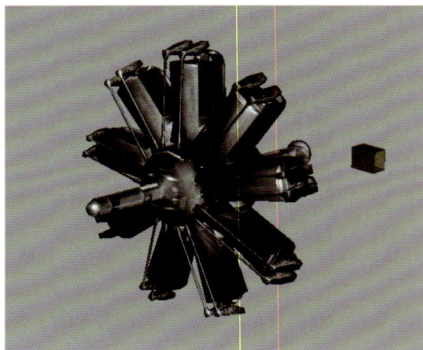

复制的力量

　　创建这个引擎是有趣而容易的。引擎看起来很复杂，但它是易于塑造的小物体的简单合并。一旦装配好活塞，塑造出主轴，便只剩下点击复制按钮将它们整合一体。

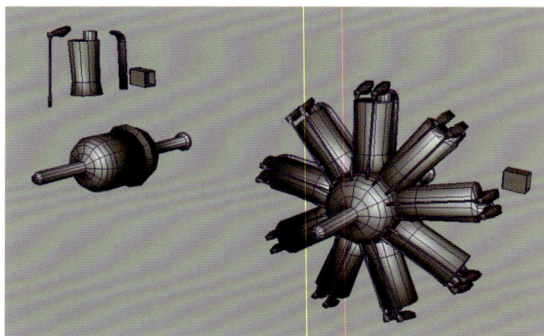

　　分解引擎部件类似拆分整个飞机。它是由5个容易建造的简单形状组成。

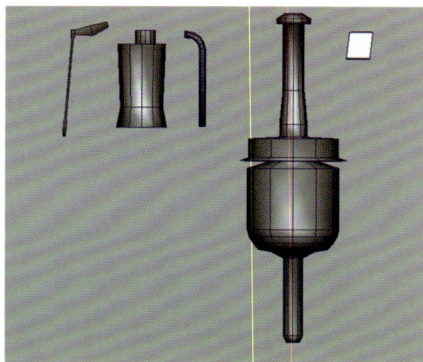

在本书中你学会了如何建造模型，所以我鼓励你亲自去尝试，而不是花费大量篇幅教给你简单步骤。这里有几个建议：

- 主轴只不过是一个圆柱体进行了边缘循环分割或者挤压，并按照图样缩放。
- 活塞也是一个挤压了三次的圆柱体。
- 活塞排气管是个顶部弯曲的扁平圆柱体。
- 活塞摇臂是立方体简单挤压做出的。
- 引擎排气设备是向内挤压出小洞的方形体。

在新场景文件里工作

为了比较容易地塑造引擎，我用引擎的模板创建了一个新的场景文件。文件名是 planeEngine.ma。

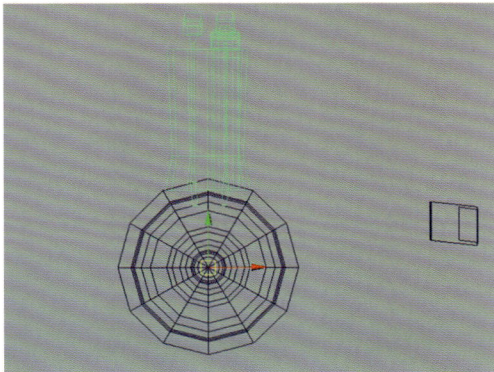

- 一旦塑造完成，如图放置形状，并且将它们结合成一个网格。
- 点击 insert (插入)将活塞V 吸附到主轴中心点。

在结合之前，你可以分别展开这些形状，但是，因为引擎的许多部分掩藏在金属壳里，所以我们用一些简单的平面贴图便可应对。

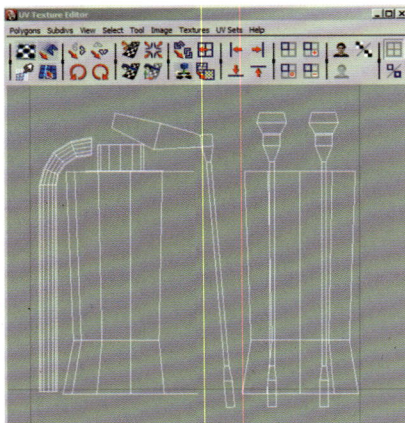

例如：活塞，用一个平面映射到前部的几个面即可。剩余的面则运用侧平面映射。这也使绘制纹理贴图更加容易。

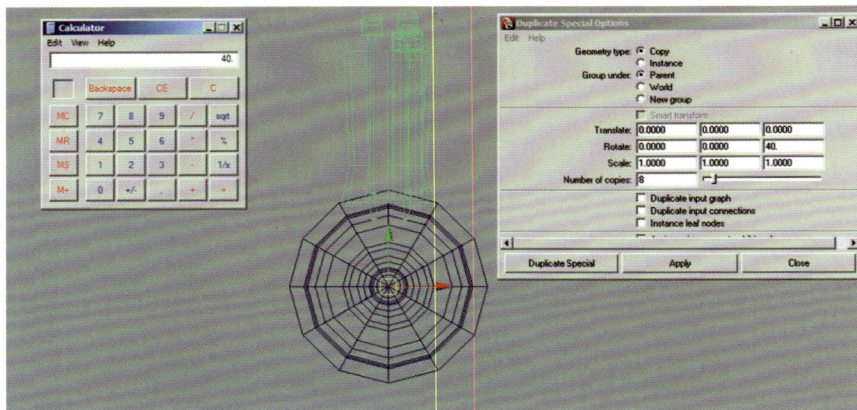

使用特殊复制

Maya的新版本有一个新的菜单项目，Duplicate Special（特殊复制）。旧版本的Duplicate（复制）对这次示范也同样有效。

数学在此要发挥作用。我们有9个活塞，需要围绕360°的轴等值地旋转。每个旋转值应该是40°。

- 打开Duplicate Special > Options（特殊复制 > 选项）。
- 在Rotate（旋转）的最右端Z轴数值框输入40(数值从左到右分别是X，Y，Z)。
- 设置Number of copies（拷贝数值）为8，因为我们需要9个对象并且已经有了一个。

结果便是完全对称的复制系列。为轴和排气管布局UV映射之后，将其与引擎结合为一个网格。

步骤7：创建螺旋桨

外形可能会蒙蔽你

这个螺旋桨拥有优雅的格调和美好的造型。看起来，几乎不可能有效地塑造它。然而，你会发现，理解之后它将是一个简单的模型。

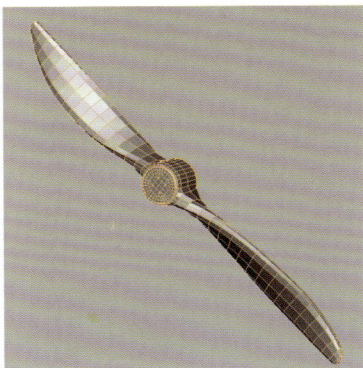

从圆柱体多边形开始

- 向前旋转圆柱体 (X轴90°)。
- 对INPUTS（输入）通道调整 Subdivision Axis（细分轴）到12。

- 选择顶部的两个面，并向上挤压(蓝色箭头)。

- 对选择的顶部顶点使用缩放工具，铺平顶部的面，向内拉直侧面。

- 再次挤压到支柱高度的顶端。

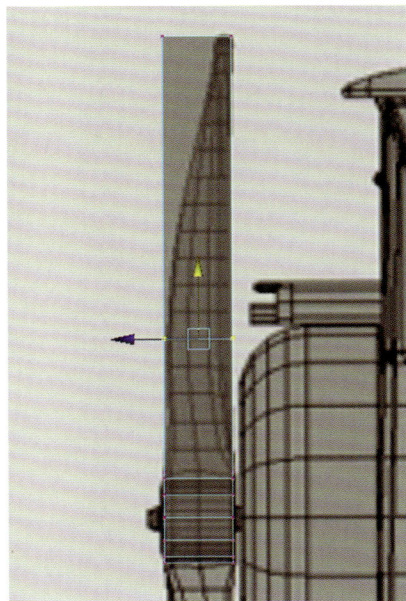

- 在侧视图，将中间顶点调整到叶片最厚的部位。

149

- 在中间添加一些环线，均等网格拓扑结构，并可以适当平滑。

- 调整前排顶点创造一个向内倾斜的形状。此时不要遵照图纸形状。你马上便会知晓原因。

- 现在选择朝外的边缘顶点，并且缩放它们使叶片鼓起来。

- 在前视图，开始向内缩放(红色缩放框)，垂直提升每个水平线。使每个较高一级的水平线逐渐向内变细，类似照片上的造型。

现在正如先前，从最低行的顶点做起，叶片向左旋转。确保所有的顶点都被选定，但是在每次旋转之后，都要取消选定底部行。这是一个视觉过程，因此需要反复几次才能得到正确的曲度形状。

检查形状。一旦满意，你可以准备复制支柱。

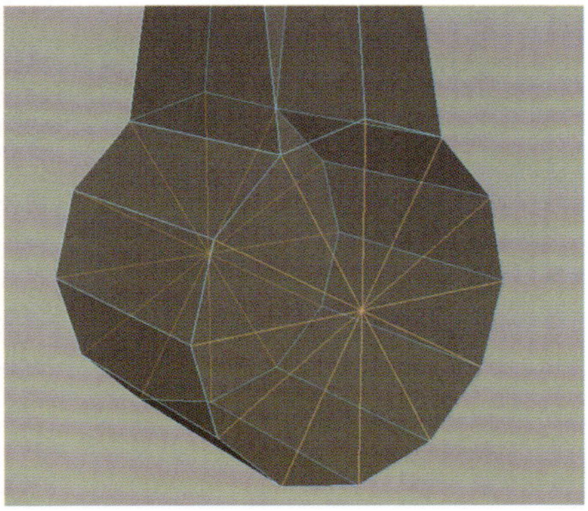

- 选择中心的边缘并删除。这会使挤压中间的面更为容易。

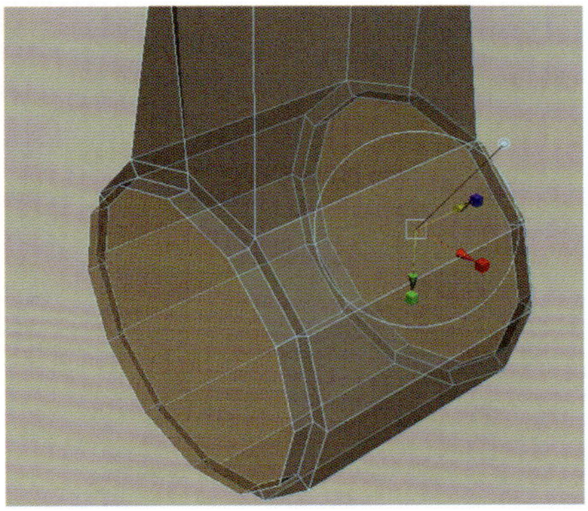

- 对前部和后部的中间面做两次挤压。
- 向内缩放第一次挤压。
- 如图，向外缩放第二次挤压。

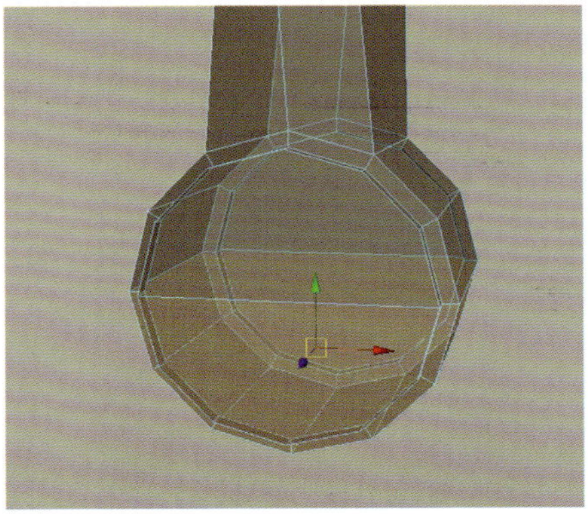

- 使用Split Poly（分割多边形）工具将支柱切成两半。
- 选择底下半部的面并删除。

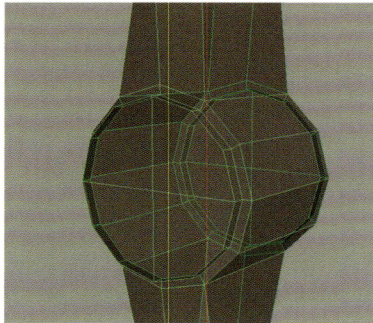

- 选择半个支柱形状。
- Mesh > Mirror Geometry Options > Set to –Y axis（网格 > 镜像几何体选项 > 设置到–Y轴）。
- Mirror（镜像）。
- 选择中间顶点并合并。
- 如图，再次使用Split Poly tool，下移前、后部中间的面。

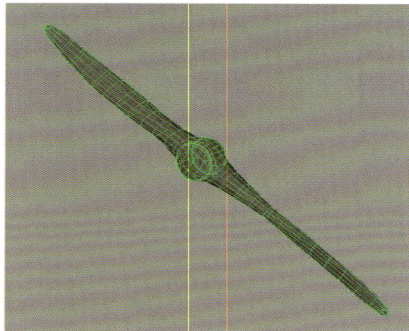

- 使用Mesh > Smooth（网格 > 平滑），检查整体的形状。如果你需要更多的曲线，那么撤销一些步骤 (ctrl + Z)并多次旋转叶片。

步骤8：创建驾驶舱

保存最难的过程

事实上，这一课不是太难，我写得很清楚，也提供了最佳的图像来解释这些步骤。我尽量简化此部分，可以说它是这架飞机最有趣的部分。塑造驾驶舱确实是一个很好的学习经历。让我们开始吧！

- 创建一个多边形球体。
- 在X轴将其旋转90°。
- Subdivisions Axis（细分轴）为默认值20，Height（高度）为fine（精化）。
- 向内缩放它，直到接近图纸形状。

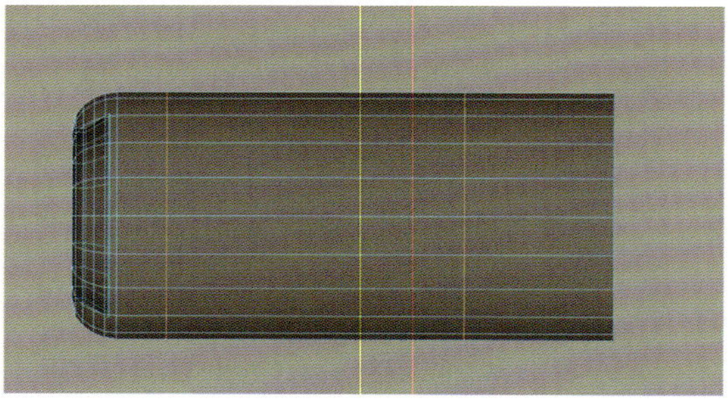

这是目前为止完成的形状。它应该是完全对称的。

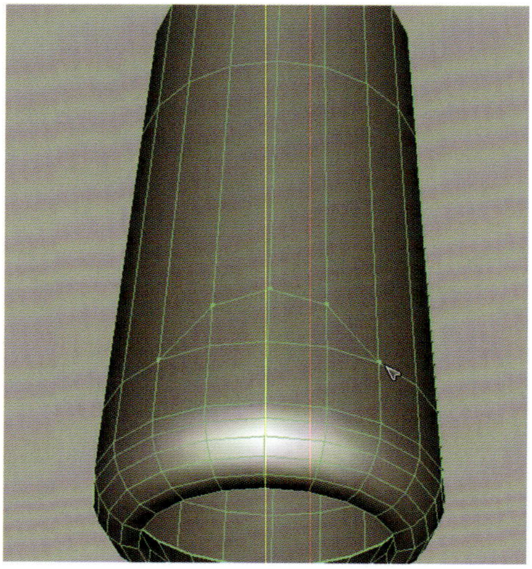

向下看，如图，为塑造驼峰在此添加四次分割。这正是把Sopwith叫做"骆驼"的原因。

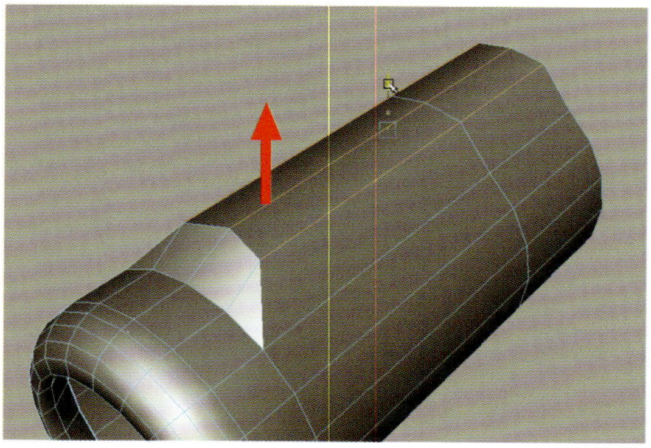

- 选择这些边缘(选择顶点也不错)，并向上拉起。

158

我们并不担心距离的问题，因为我们要将此Vert Snap（顶点吸附）到机身，形成一个完美的接缝。

"Vert Snap" 的两种方法

1. 方法之一就是按住V键，选择顶点周围的圆环区域，中键拖动它到你想要吸附的顶点。
2. 第二种方法是用箭头操作拖拉顶点。当使用这个方法时，顶点将受到它的轴方向和距离的限制，没有吸附在实际顶点的顶部。

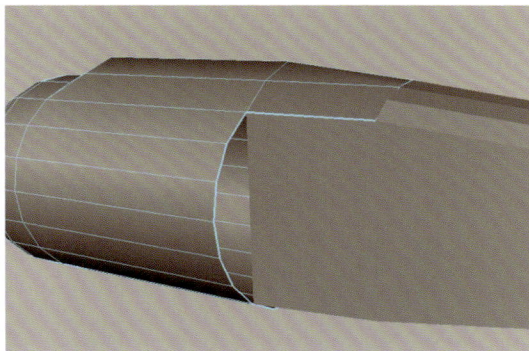

修改底部和侧面，这一过程近似于你在创建机身底部和侧面时使用的方法。

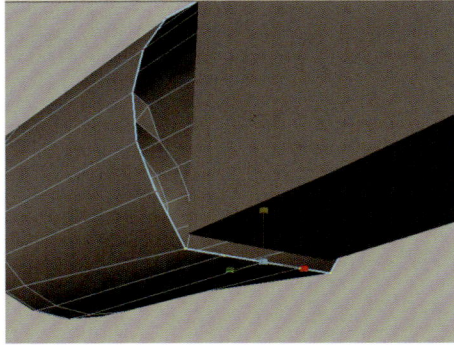

- 选择底部行的顶点，在Y轴缩放并铺平。然后通过V-吸附将它们全部移动。

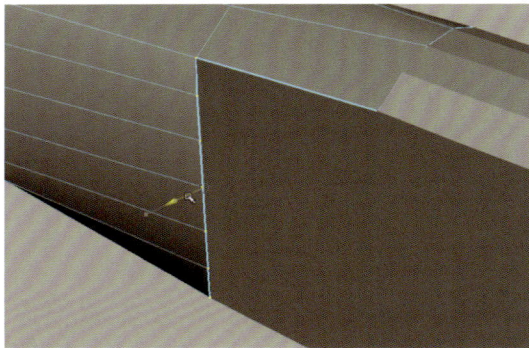

- 侧面也遵照同一种做法。请务必进行V-吸附。

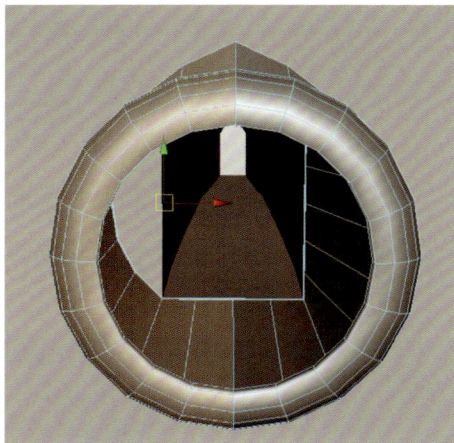

- 选择在对侧的面并删除。

- 最后一步是从驼峰后面的三角部分添加分割。

注意，驾驶舱网格比机身网格有更多的边缘。这是有意为之。两个网格形状不同，特点也不同：它们是两种不同的质地，如机身是金属的。如果你希望连接两部分，你要对机身添加更多的环线。

- 移动到顶视图，并且为驾驶舱舱口分割边缘。将前部和后部分割三次足矣。

根据图纸位置移动它们。

- 选择内部的面并挤压。请务必向内缩放一致来创建驾驶舱边沿的边。

- 向下挤压一次，创建座位区域。

- 在新的边沿之间添加一个边缘循环分割。

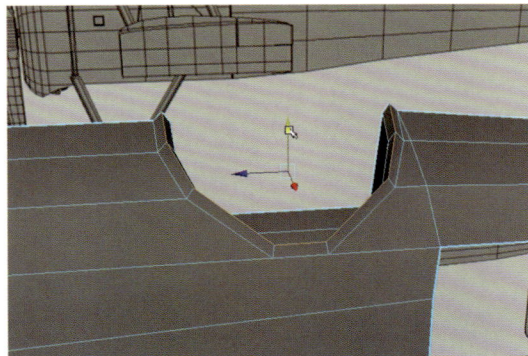

- 向上提拉这个边缘创造弯曲的形状。你也可以用挤压面来代替分割形状。

- 现在，驾驶舱内部不再是网格的中心，因此选择顶点并且斜向缩放它们，使其再次共面。

新缩放的顶点需要再次被V–吸附到中心标记。这是从箭头操作所做的有用V–吸附。

- 使用同样的缩放技术使座位平整。

- 移动剩余的顶点，形成视觉上合适的内部驾驶舱形状。

我们现在准备展开驾驶舱UV贴图。

为驾驶舱布局UV集

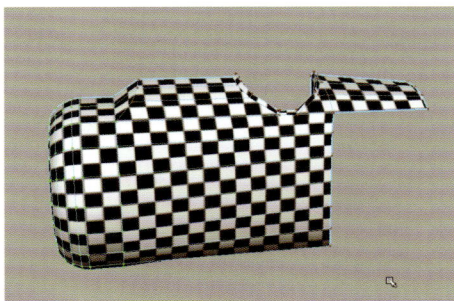

展开UV的复杂形状

鉴于驾驶舱独特的形状，我决定在第十一章使用这个模型展示UV布局。如何有效地展开驾驶舱，请阅读第十一章（纹理贴图技术）中的技术1。

步骤9：支撑杆、支架和最后的装配

创建支撑杆和悬吊电缆将是我们在这个项目装配前的最后一步。这两个对象很容易创建，并且可以简单地修改成所需的不同形状和大小。

支撑杆

支撑杆与机翼相似，有着逐渐变细的外形，做起来很容易。

- 创建圆柱体形状。
- 在INPUTS（输入）对Subdivision Axis（细分轴）调整到10。

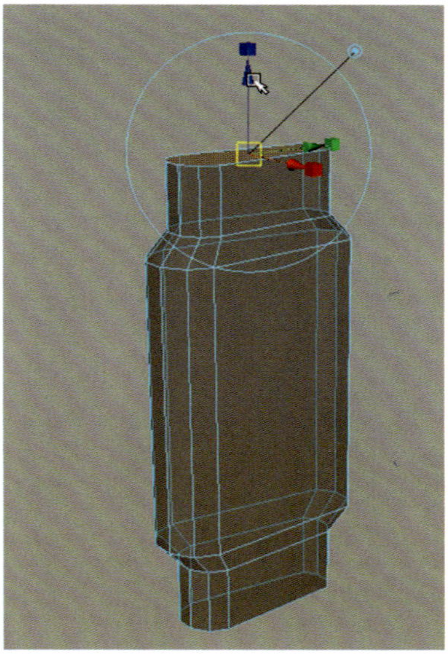

- 挤压并将顶部和底部的面逐渐变细。
- 再次挤压，此时不要担心支撑杆的高度。

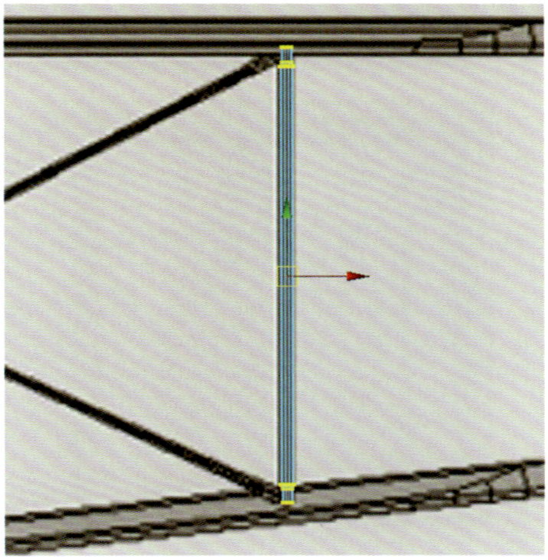

- 将此形状调整平直，并在前视图和侧视图中按照图样适当地缩放它。

　　这是经过渲染的最终图像。一个简单的地面飞机图像，远处轻微的环境雾增添了一些效果。

　　在第七章中，我们将学会如何塑造飞行员胸像。

这一课将向你展示如何迅速创建一个低多边形的人头模型。人的头部可能是最复杂的模型类型，在之后的第九章，我们将会探讨更精细真实的头部模型。对于这一课程，我们的目的仅仅是为了简洁高效地创造一个飞行员模型，我们在前一章已经创建了索普威思骆驼双翼飞机。本课的模型是为了相机远景拍摄镜头，所以只需最低程度的细化和纹理。

打开场景设置文件

为了使本课更加容易，避免复杂化，我为你提供了一个场景文件，包括准备开始建模所需的正确的相机设置和模板安置。你甚至可以保存此文件，只要通过简单的交换模板形象就可用于未来的建模项目。首先请打开：mayaGames/Ch07_PilotBust/scenes/startScene.ma。

步骤1：开始

关于模板图像

我们现在要创建一个简单的头部模型。这个模型不是用于诸如画音同步的面部动画，因此我们不必过于关注眼睛和嘴巴周围需要的边缘循环。我们将为这个模型使用盒式建模技术。

该模板已经为你设置好。你会发现有两个模板平面——正视图和侧视图；你还会注意到在sourceimages（源图像）文件夹中，还有另外三个模板（在整个建模过程中会使用到）。每个模板只显示本课需要创建的边缘。

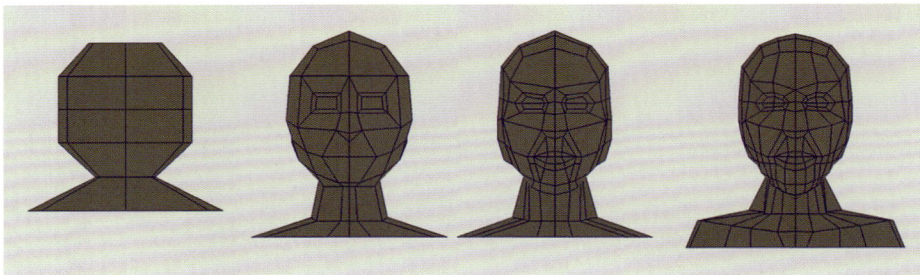

> **提示**：当你对建模越来越有经验时，会发现在建立模板着色器时，将所有模板图像放在一张贴图上会节省时间。跟随本课的进展，你会明白省时的原因。

盒式模型的进程

从一个简单的盒子开始，你将运用挤压、推动、分割顶点到最终创建飞行员半身像模型。在建造双翼飞机的那一课中，当建模的时候，我着重强调搜寻和使用参考图像是多么重要。我有意在本课不涉及这些，希望你自己在网上寻找一些图片。

步骤2：开始建模

创建多边形立方体

- Width，Height，Depth（宽度、高度和深度）设置为24单位（之后将其缩小）。

- 在输入通道下面，设置宽度：0，高度：1.5，深度：0。细分宽度：2，高度：5，深度：2。

> **提示**：在建模时，我喜欢将顶点保持较低数量。初级建模者往往从一开始便添加所有的顶点边缘，使得建模过于复杂。这是一个错误，它会使创建一个普通形状都会变得困难重重。

> **建议**：把盒式建模想象成是用一块木料塑造的雕塑。首先勾画出主体形状，之后再慢慢雕琢细节。

缩放立方体

现在我们移动立方体与模板匹配，并开始缩放出相同的形状。

- 向上移动立方体到 Y–26，将其放入正确位置。
- 选择从底部数起的第二行顶点，均匀地将其向内缩放直至创建下颌至颈部区域。接着，缩放最高顶点使头顶成形。

选择沿着立方体中部的顶点，缩放Z轴与侧模板一致。

以同样的方式运用头部侧面的中间顶点，完成这个头形，使其饱满。

塑造眼眶

你将会一直挤压和分割多边形。

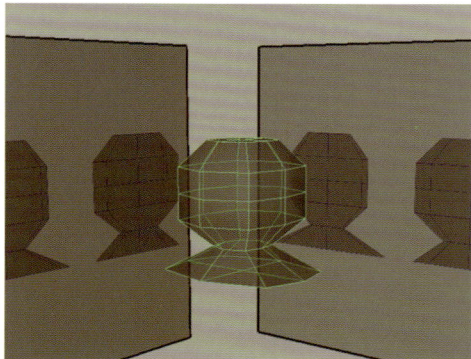

使用Extrude（挤压工具）缩放一个眼眶的面。

经过塑造更多的矩形后，再一次挤压创建眼窝。

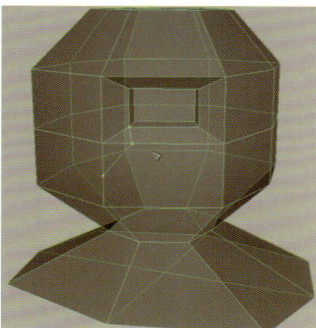

在眼睛、鼻子和下颌之间添加新的分割，开始塑造鼻子和嘴部。

虽然这个网格物是一个对象，但是它有缝隙需要"合并"。

- 选择头部中间的那些顶点。
- Edit Mesh > Merge > Options（编辑网格 > 合并 > 选项）。
- 设置一个较低值，比如0.002，将允许同时合并你的选择。

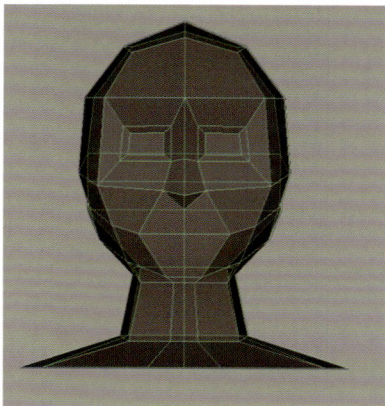

现在，这个模板的模型已接近尾声，准备进入下一个环节。

进一步添加细节

运用更多的分割和挤压继续塑造这个头型。

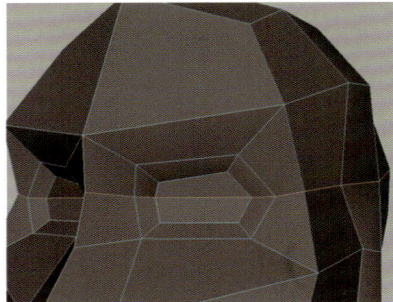

我已经对嘴唇部分加入了更多细节，对整个眼睛进行了一个横向分割并形成一个椭圆形，现在将开始确定下颌和脸颊的褶皱。

185

　　试着同时缩放这个模型的两侧，而不是移动复制顶点。这个阶段得花些时间大致勾画出所有面貌特征，如鼻子、颈部和下颌。

浅谈三角形和四边形

　　有时你会发现创建一个四边形比一个三角形在分割面时要麻烦得多。目前没有关系，不要过分关注。建模师经常会把精力集中在四边形上，虽然我也觉得在早期阶段首先做好一般形状是比较重要的。我们之后可以清理三角形。观察角色的面成形的一种方式，就是在模型上运用平滑技术。目的是向你指出具体细节和提示出也许你忽略的问题，例如相互叠加的面（初学者经常发生），或者面的顶点没有闭合。

　　我已经制作了较多的轮廓，现在开始下一环节。这有几个三角形，还有复杂的多边形（破损的边缘循环）。这些都将被立即清理。

　　头部确实正在逐渐形成，现在我们可以对嘴部、眼睛、鼻子等部位添加更精彩的细节。

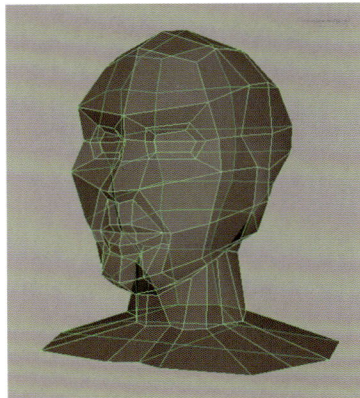

由于这个模型将有一件皮革飞行头盔和风镜，我们不需要在面部特征上花费太多的时间。并且，我们打算做的是一个有一定距离的低分辨率的模型，不是相机特写镜头。

> **建议：** 虽然耳朵在这个模型中并不需要，但是如果你考虑到将来用这个头部做一个更加细致的特写镜头模型，那么你可以增加它们。然而，本节课不需要这样做，因为它们将增加不必要的工作量。

继续塑造和优化细节。我已经挤压底面并且向外缩放它们，创造出肩膀和胸部的上半部分。我打算将来再做一个基本的躯干形状。

建模技巧

在这个情形下，我喜欢复制一个头部，做出混合变形并且调整到100%，然后将原型平滑(通常为二次分裂)。现在我能够在更加平滑的网格上调整顶点和看到它们更新。这类似于Maya的Proxy Modeling（代理模型）工具，但我个人更喜欢此法。唯一的缺点是如果不破坏平滑的版本，你将不能分割或挤压面。然而作为简单的细化，这是一个我喜欢使用的便捷快速的技巧。只要我愿意，我可以删除历史并且删除平滑过的版本。

关于此建模技术，你可以在第八章的步骤3找到更多，届时我将详细描述此过程。

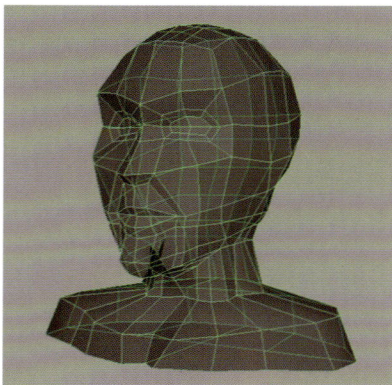

▓▓ 步骤3：衣服和饰物的挤压

在开始塑造衣服和饰物之前，我需要交代两个方法。你可以保留飞行员作为一个简单多边形人物，保持头部、头盔、风镜和外套这些简单的网格；或者从现有的头部网格中建立分离模型，这会对今后飞行员的组配和动画提供更多的自由和选择。为了使表情和对口形更加容易，一个单独的头部网格设置混合变形时，你应该决定好方向。

制作皮革飞行帽

从基本的网格上挤压出衣服和帽子,然后提取表面做成一个分离网格,最后使之精炼。我们现在就来做这顶皮革帽。

- 复制头部,放入一个图层,并且隐藏此图层的可见性。
- 选择如图所示的面。

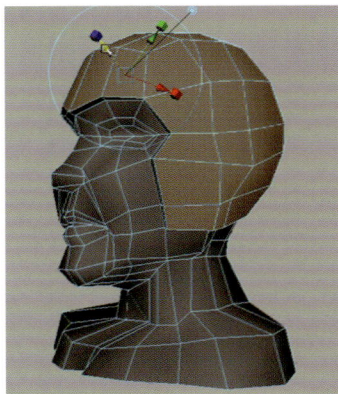

沿着头骨略微挤压出帽子的形状。

189

- Mesh > Extract(网格 > 提取)帽子表面。
- 删除此头，留下新制造的帽子。
- 打开复制头的可见性。

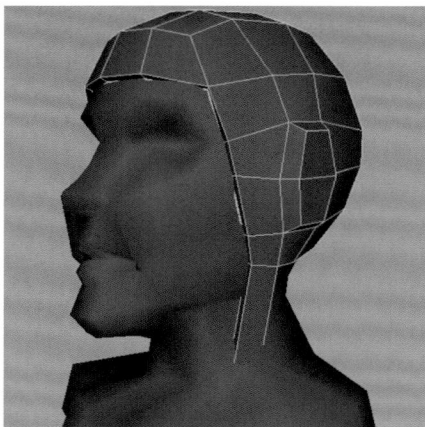

将帽子继续塑造成需要的造型，如图所示。

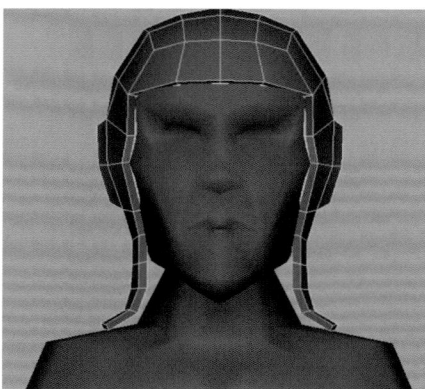

　　将帽子Smooth（平滑）以检查形状，此时也许会丢失所有的边缘循环。必须记住将Smooth Division(平滑分裂)恢复到0并删除History（历史）。

　　现在我们准备增加皮革头盔和风镜。通过使用一个被复制的头部网格，我们将塑造头盔。

- 选择帽子周围的面。
- 挤压面，并且使用蓝色箭头略微拉出。
- 重塑一边的某些端点使头盔形状比较流畅。
- 挤压出一个椭圆形护耳和头盔带子。
- 现在删除较早做成的头盔半部并镜像几何体。
- 合并顶点保证网格"waterproof（防水）"。
- 现在可以删除头部多余的面，只留下头盔。

　　如果你愿意，可以保留它作为一个网格物体，或者你也可以分别做出各部分，当我们完成建模时，把这些附属物结合到头部网格。

制作风镜

玻璃镜的制作很简单。记住再次复制头部并在修改原型之前将其隐藏在一个图层中。简单塑造并且扩大眼框部位，如图所示，制作镜片和镜框。

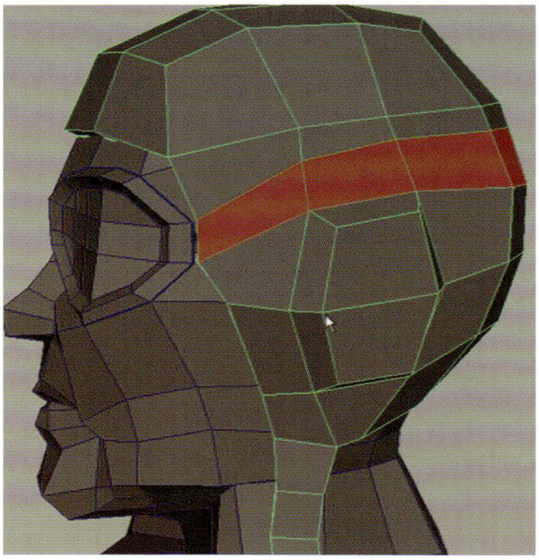

取消隐藏，显示帽子网格，添加循环分割，挤压出风镜的皮绳。

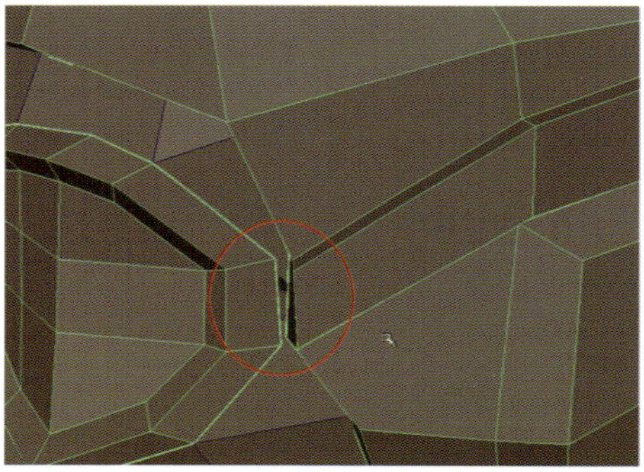

再次，从头部提取刚才被塑造的镜片，或者只是删除不需要的面。

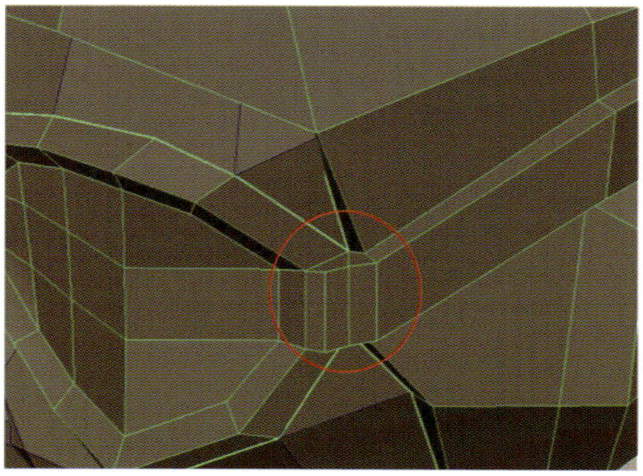

你可以像我这样，通过创造一个简单的扣环来连接风镜的许多部件，也可以精心制作。其乐无穷！

现在，将风镜和飞行帽完全结合起来，合并成一个整齐的网格。

再次打开被复制的头部，并向下挤压出上部躯干。

塑造飞行员的外套

现在你应该独立做好这部分。我已经多次向你解释此过程和工具，所以这次将由图像来引导你进行视觉参考。记住，不必精确地遵循我的边缘循环和细节程度。

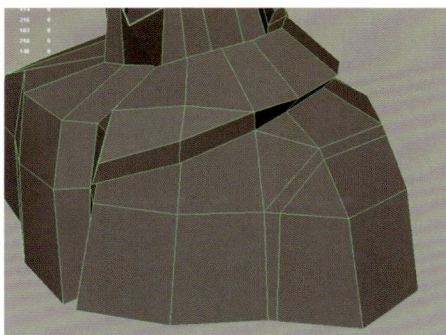

再次，删除头部的面并且用Fill Hole（补洞）工具或是 Append Faces（增补面）工具修复空洞。 这会出现一个独立的外套网格。

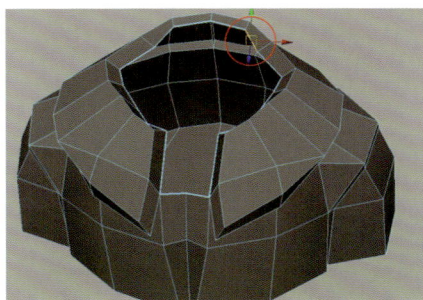

补洞

1. 选择这个洞上开阔部位的一个边缘。
2. Mesh > Fill Hole（网格>补洞）。

选择头部网格的底面，并做挤压。相应地缩放和塑造顶点。此时可以有所创造；分割并挤压创造出衣领形状。一定要将衣领伸出外套。

在手臂周围添加边缘循环分割，以此明确袖子。向内推挤袖子边缘，为手臂之处制作皱痕。

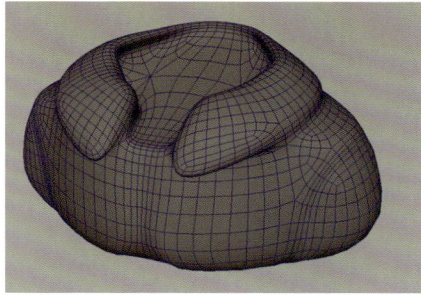

- 将网格平滑。
- Division（分裂）到2。

  检查形状，并调整有缺口的边缘。
- 按Z键后退或更改分裂为0，并且删除History（历史）。
- 保存。

组装部件

回到原型的头部，我们现在删除身体。在衣领处创建一个边缘循环。选择衣领之下所有的面并删除。

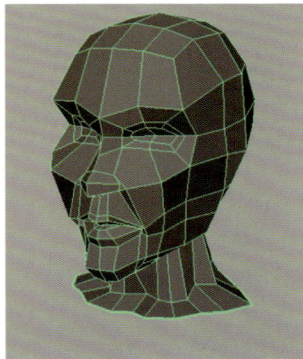

我们已完成了最终的头部形状。

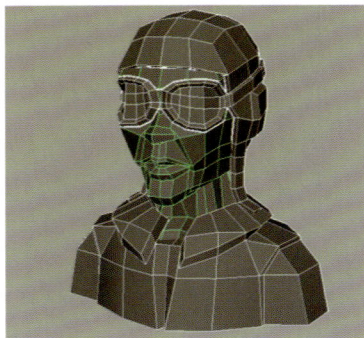

这便是我们完整的模型。其余UV布局和纹理贴图，我们将在第十一章（纹理贴图技术）中学到更多。

到此，稍作回顾。飞行员逐渐成形了。我喜欢做复制版本和对它添加平滑，这样我便能看到边缘循环是多么恰当地塑造了整体形状。

▓▓ 圆满完成

当然，你可以添加简单的草图式的纹理贴图，如同我们在第四章的斯普林菲尔德步枪中做的一样，或者你可以将一些部分导入Mudbox，亲自尝试一下数字雕刻。

　　这个半成品图像是用一个简单的三点光源设备渲染的,本书将在结尾的附加章节中呈现这一技巧。

第八章
塑造逼真的手

手部建模的重要性

目前，你所面临的艰难任务之一便是塑造现实中人的手。本章中，我们将学习创造一个高级手部模型，通过使用联接等各种工具来获得非凡成效。

手是非常富有表现力的，具有掌纹、皮肤褶皱，色斑、指甲和其他特征。即使从远处看，手部拙劣的塑造、纹理，甚至是缩放不当都可能破坏一个了不起的人物模型的可信度。

常见的教学错误

每当看到一个教程讲解手指，特别是拇指以一种平直、线性姿态出现，我都会唏嘘两句。显然，对于模型的制作和装配来讲，这是最简单的方法，但同时也是错误的，除非你的目标是建立一个简单的卡通人物。由于此专业的现实主义特征，所以我们必须从现实中学习。

对初学者来说，平直、僵硬的手势是常见的。这易于装配，但是之后在手指的适当弯曲和指节的褶皱皮肤等方面会引起许多问题。如果把真正照片上一只松弛的手与那种僵硬的手作比较，你会发现在造型和边缘的流畅性上有很大的区别。当你成为一个优秀的建模师，你会把这些细微差别融进模型中，创造更逼真、更精彩的游戏财富。不要担心装配，因为任何技术指导都应该知道如何有效地装配弯曲的几何体。

你将学会的独特方法

我在本课中设计了几种独特的方法，其中包括我在建模中常用的。我们将在模型完成之前探索使用Blend Shapes（混合变形）、Joints（关节）以及设置UV。这些方法非常有效，但对于不准备接受挑战的初学者，你可以用简单的像素推动替代这些新方法。

步骤1：开始

使用好的参考照片

想成为一名优秀的建模师就必须花费时间研究和获取经典的参考图像。无论何时，只要一开始建模我便会整天泡在书店、图书馆和互联网，尽可能地搜集大量视觉参照。

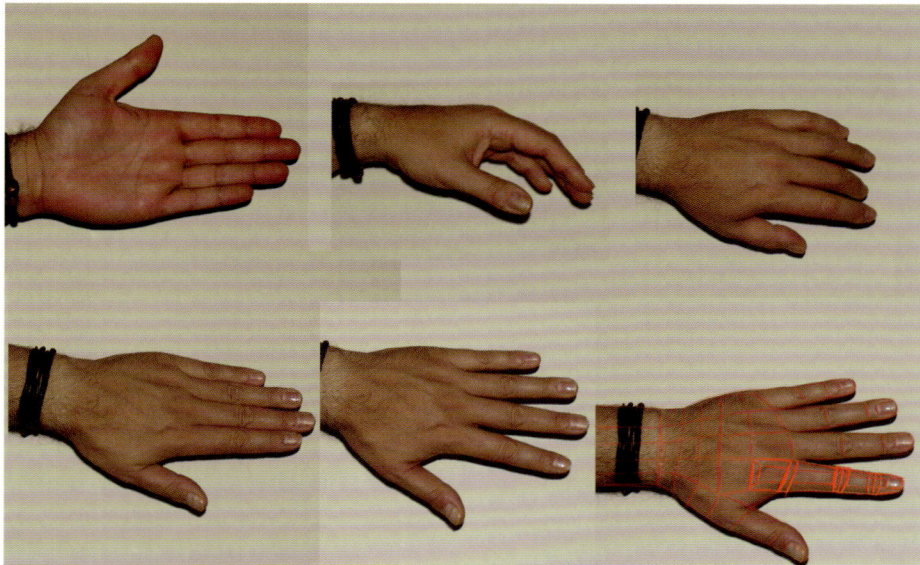

现在，我只需要对自己的手拍摄几个轻松和僵化的姿态就可以了。我们将要选用一个平直的手和手指，使其变形成为正确的姿态，然后添加手指和完成模型。

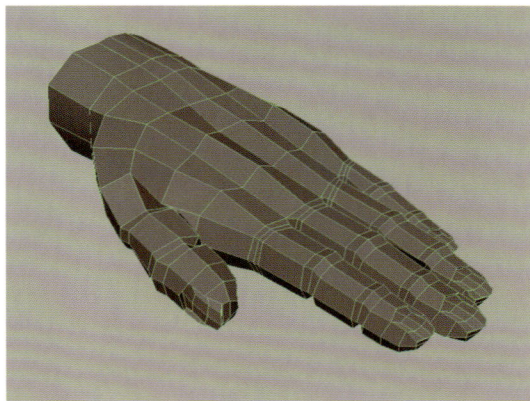

我们准备塑造一个初学者学习的基本手部，以此明了建模的基本法则。一旦完成，我们将返回并对手的结构进行改变，以使这类似真实的人手，能够恰当地紧握、弯曲，并且令人信服地富有生命力。

▦ 步骤2: 设置模板

建造的最佳轴

我在X轴迅速创建了这个模型，但是一旦制作手指就改变了方向。因此，我建议设置在Y轴上，因为在Maya中它使手指更易旋转。

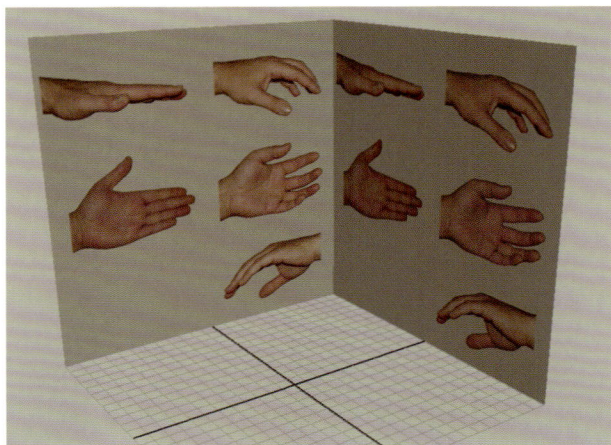

从立方体开始

用分裂或者边缘循环分割创造出一个立方体。

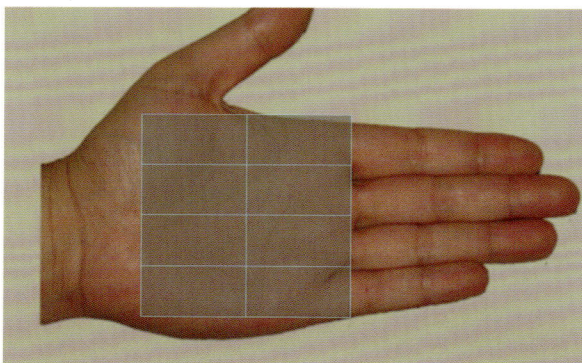

把立方体分裂成四行(每个手指一行)两列。

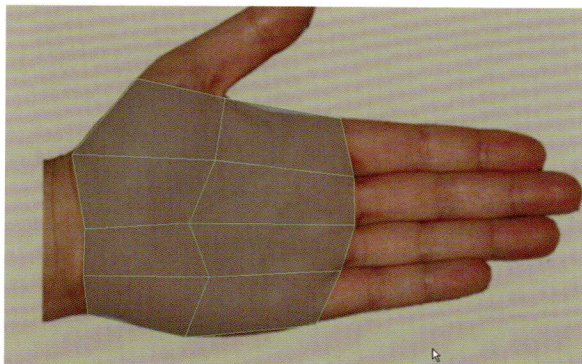

开始塑造手形，让边缘流畅地贴合手掌的自然曲度。

为中指选择面。因为它是最长的，我们将塑造这个手指。其余手指被缩减到相应比例的大小。

把这个手指分割成四等分，然后将边缘移动到相应的关节处。

边缘恰当地排列好之后，选择顶端的面并做挤压，轻微缩放成倒角的斜边。

改变视图以此检查，并注意这个手的厚度。

选择每行的顶点并将其缩放，使形状尽量匹配模板的外轮廓。

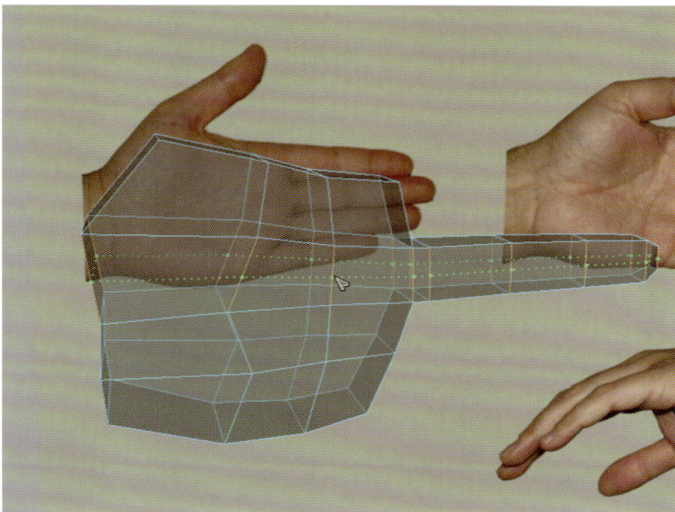

当手指塑造成六边形时最为灵活。现在第一个手指的形状已经粗略制作出来，沿着手掌的末端做一个边缘循环分割。

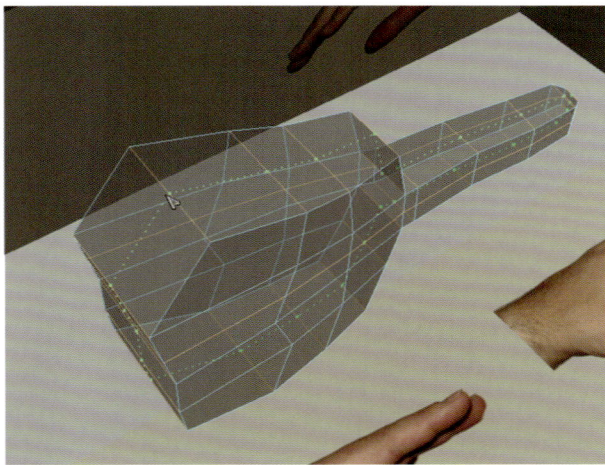

沿着手掌再次分割。

步骤3：改进手指网格

提取这个手指

我们已经做好基本造型，现在便可以全神贯注地修改这个手指。一旦完成，我们只需简单地复制和缩放其余手指。

- 选择这个手指的面。
- Mesh > Extract（网格 > 提取）。

选择手指并Isolate Select（隔离选择），隐藏其他部分。

此时，我再次旋转手指，其中有两个原因：首先，很明显，我一开始写本章时就用错了轴。在某些角度，Maya不提供优质的万向节旋转，与其反复纠结，还不如将手指旋转90°。其次，当塑造一个角色时，从顶视图面板建模通常是水平的，此时手部效果最佳。

当推/拉模型时你可以用顶点或边缘，这里我决定使用边缘。

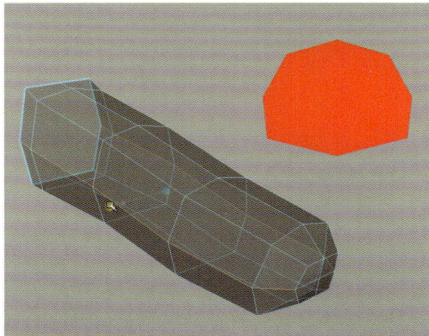

现实的手应该是手指由粗变细。一定注意手指的厚度。

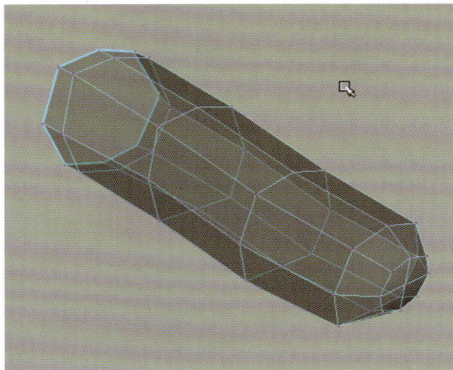

在塑造指关节之前，将手指的整体形状调整到满意为止。

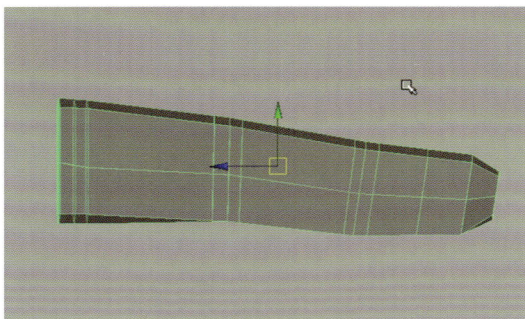

为了恰当地塑造和赋予生气，我们需要在每个指关节处添加三个边缘循环。将边缘循环分割添加到最初分裂的每个侧边。

指关节也应逐渐变细。

添加指甲

接下来的几个步骤将会告诉你如何创建一个简单、真实的指甲。

选择指尖顶部的四个面，并挤压、缩放和向下推挤。

再次挤压、缩放，但向上推挤。

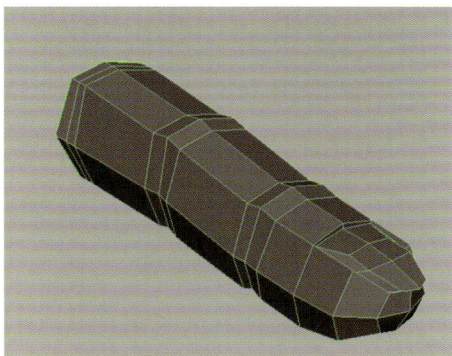

移动顶点与图像匹配，确定指甲的形状。

建模技巧：这是我经常使用的一个得心应手的技巧。创建快速混合变形，可以塑造低多边形网格而观察到更高级、平滑的网格结果。这一过程通过Maya中Proxy Model（代理模型）工具完成，但我发现那个工具很麻烦，我还是喜欢我的"守旧"方法。

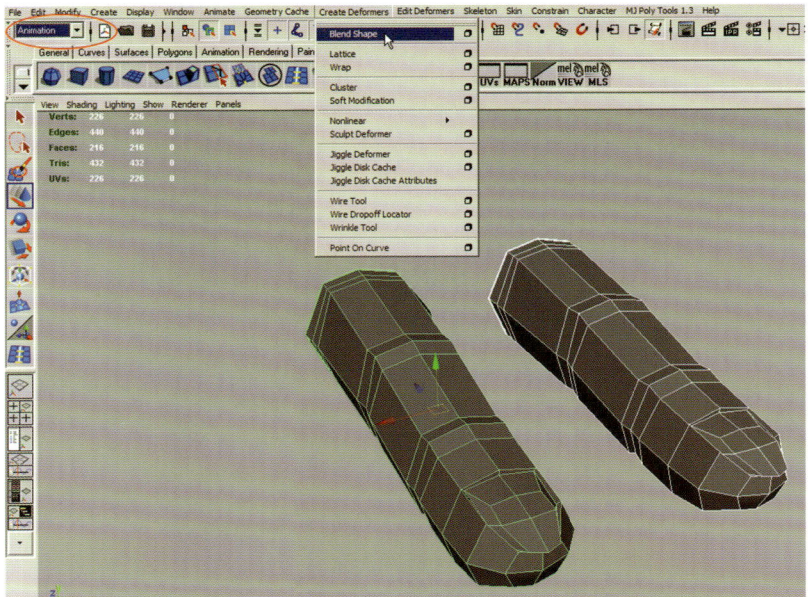

　　创建一个复制手指［如果启动Isolate Select（隔离选择），复制将不显示］。必须首先关闭Show > Isolate Select选项。

- 转换到Animation（动画）模式。
- 选择复制手指，并且按shift，加选原始手指。
- 选择Create Deformers > Blend Shape（创建变形器 > 混合变形器）

现在需要打开混合变形编辑器：

- Window > Animation Editors > Blend Shape（窗口 > 动画编辑 > 混合变形器）。

把数值调到1.00 (100%)。这将允许低模影响高模的任意变动。

- 回到Polygon（多边形）模式。
- 选择原始手指。
- Mesh > Smooth（网格 > 平滑）。

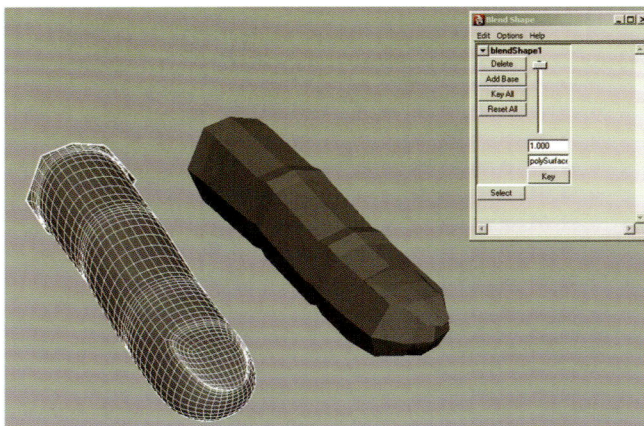

在INPUTS(输入)通道下改变Divisions(分裂)到2。

现在开始优化模型：推挤褶皱，拉扯关节和调整指甲形状。

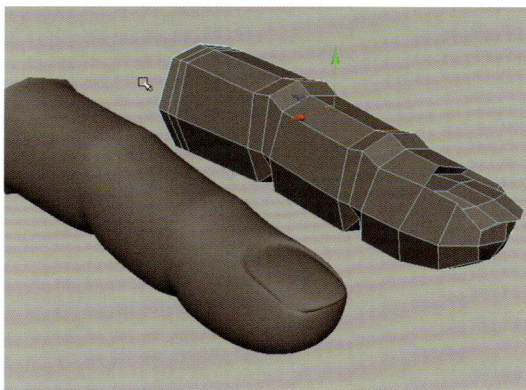

从另一视角来看

确定指甲的顶面逐渐变小以及从底部切割顶点塑造指甲边缘的表皮。

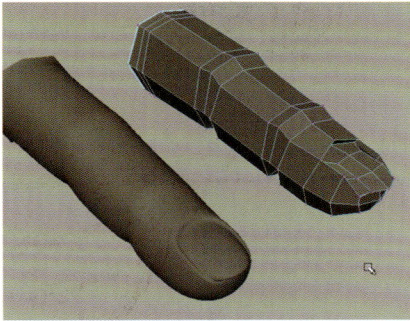

当你满意这个模型时，请在INPUTS通道中将平滑Division（分裂）值返回到0，删除History（历史），取消Blend Shape（混合变形器）影响，并且删除复制手指。

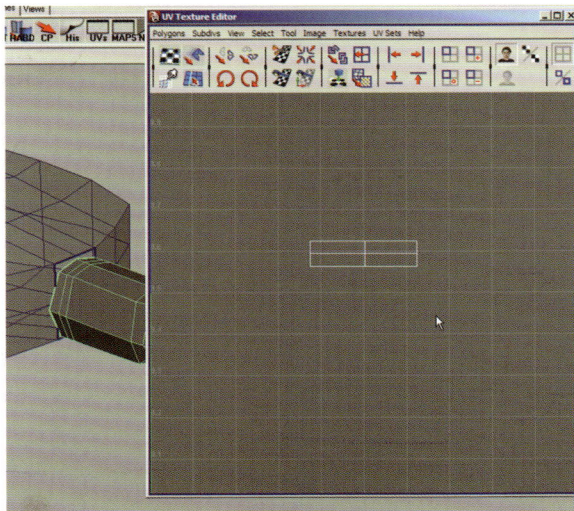

有时，在建模初期布局UV是明智的。即使将来还需重新编排UV，但通常它会留下简单的外壳供你选择。审视手指的UV，你会发现此时布局基本的UV是最佳时机。

> **建议：** 如果你是UV和UV布局的初学者，那么你可能发现此时的一些步骤令你头晕目眩。如果不适应，我建议跳过此部分。

步骤4：现在布局UV而不是将来

现在布局UV的另一个原因

如果你打算把这个模型导入Mudbox进行数字雕刻，如果计划制作一张中意的法线贴图，那么在添加精美的细节之前有一个整齐的UV设置，将是一个不错的选择。

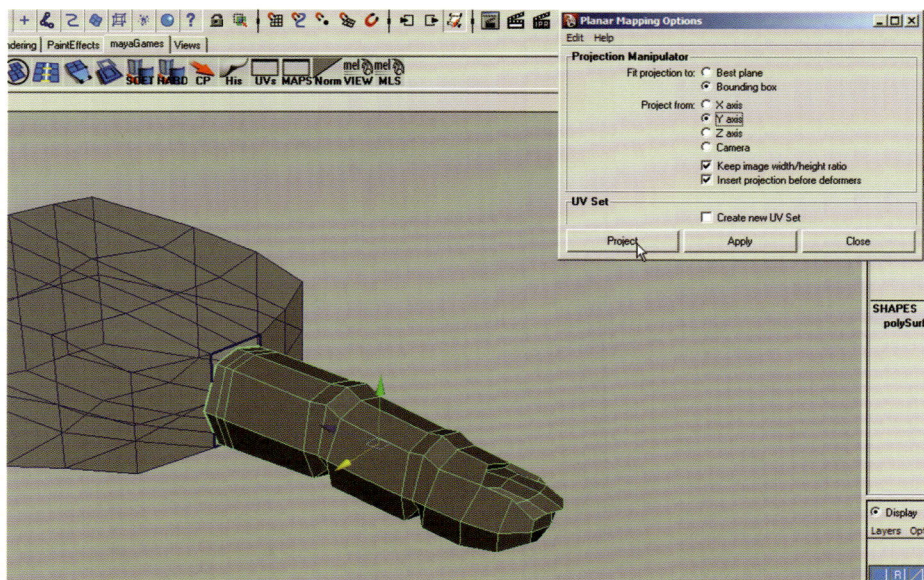

- 选择手指。
- 创建 UVs > Planar Mapping > Options（UV > 平面映射 > 选项）。
- 把Projection（投射）改变到Y轴。
- 点击Project。

通过选择红色"T"形，你能初始化旋转操作器和朝着手指的方向旋转平面贴图。

- 打开UV编辑。
- 选择手指下半部分的面。
- Flip (翻转)这些面，移动到一边。
- 为指甲应用平面投射，或者使用 Cut UV（剪切UV）选项。

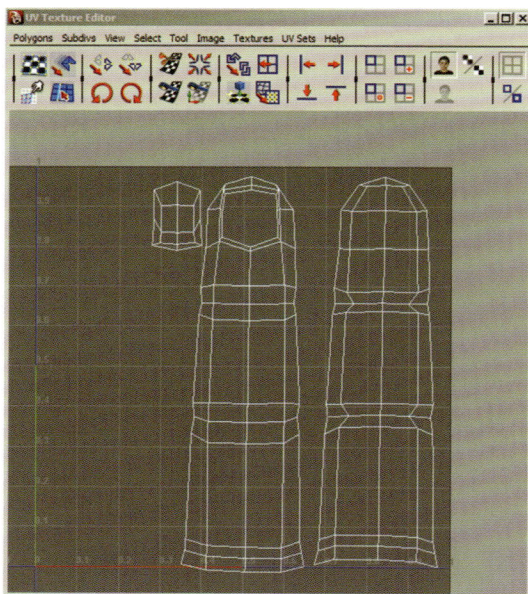

步骤5 : 组合手部

复制和连接手指

UV布局好以后，我们开始组合手的其余部分。

- 复制中指三次，把它们放在相应位置。
- 再复制一次，将其作为拇指旋转斜向一边，并如图放置。

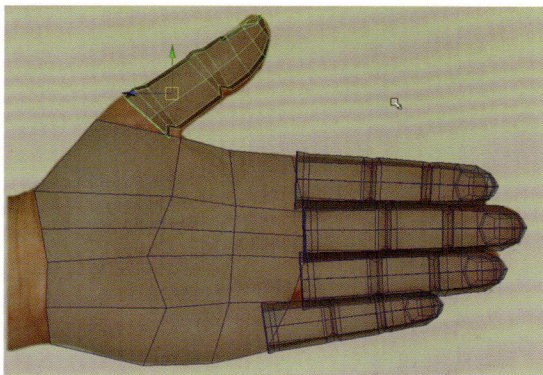

　　将所有的手指都使用透明材质，开始缩放、旋转、定位，严格匹配
参考图像。

　　要确保恰当的边缘数才能将所有网格合并一体。在这种情况下，我
注意到合并前需要对手掌再添加几个边缘循环分割线。

- Mesh > Combine （网格 > 结合）。把网格结合成一个物体，之后再合并顶点。

从手指到手掌用V-吸附顶点或反之亦然，这取决于外形。 当做这些手指时不要太关注几何体的相互交叉。平滑之后，它们将逼真地分离。

- 打开Merge（合并）工具的Option（选择），数值设置到一个较高值，如：5.0。

  然后仔细地合并每对重叠的顶点，一次一个。这一步不能心急。

你可能会看到敞开的接缝，但不要紧张；如果之前创建了恰当的边缘，那么开口顶点的数量应该被抵消。

最后一步是选择手腕的面，再做一两次挤压创建前臂部分。

复查面的法线

确保所有面的法线朝向正确的方向，只要有一个反转面就会引起许多麻烦，特别是在数字雕刻的应用中，比如 Mudbox。

- Display > Polygons > Face Normals（显示 > 多边形 > 面法线）
- 重复此程序关闭法线。(做工具架按钮是个好主意!)

如何编辑UV

既然手已做完，我们要处理一些重叠UV。

检查UV编辑器显示出许多重叠的UV。分离它们的简单办法是：选择一个UV，然后如下操作：

- Select > Select Shell（选择 > 选择外壳）。

选择那个UV外壳的所有顶点，将它移动到一边。

- 将"Y"轴平面贴图UV投射用于手掌形状，如同我们之前做的手指。
- 同样，翻转手掌的下半部。

若将所有UV装配成一个有组织的网格形式，一个最便捷的方法是使用布局。

- Polygons > Layout（多边形 > 布局）。

　　其结果是一个整齐的UV布局，为稍后纹理贴图做准备。

为开缝问题检查网格

　　在建模中，我总是做网格平滑操作以确保没有开缝或边缘循环不良等问题。一旦彻底检查了这个模型，我便恢复到0，不平滑网格状态。在平滑操作被恢复之后总是删除History（历史），以保证打破连接。

步骤6： 使用关节帮助建模

创造一套简单的手部骨骼

通过旋转顶点弯曲手指会花费时间，并且对网格不会给予最平滑的旋转。但使用平滑绑定手部骨骼是一个简单的设置，并对模型尝试不同姿态提供选择的机会。

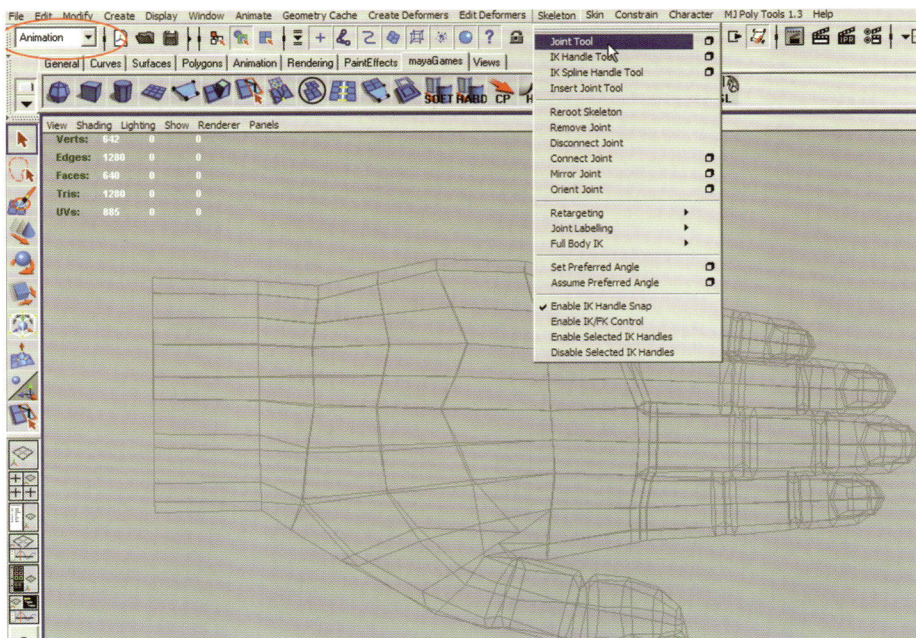

- 切换到Animation（动画）模式。
- 对手指选用一个自上而下的视图区。
- 到Skeleton > Joints（骨骼 > 关节）。
- 通过按Y键在每个指关节创建关节，在每个关节之后结束此工具，但是保持它的活跃。这便于创建唯一的关节而没有父子关系。

- 每次从一个手指开始，在每个指关节处设置一个关节，并在每个指尖处也设置一个(为了更好地绑定模型)。

- 转换到侧视图，在Y轴上下移动关节至手指中部。

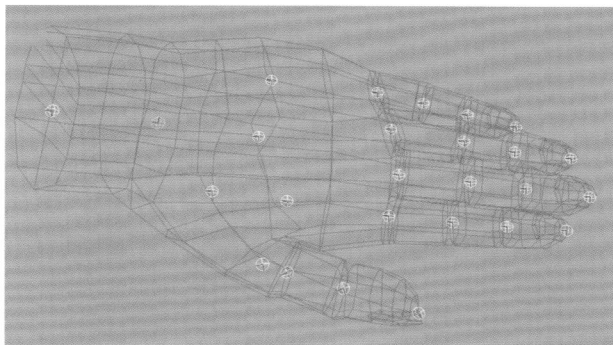

- 如图所示，创建剩余的关节。

　　现在我们设置父子关系使关节成为一条链，以此创建手的骨骼。选择最远的关节(指尖)，这是"子"。按Shift键加选链子中的下一个关节(第一个指关节)，这是"父"。按P键连接二个关节。继续这个过程，直到所有关节都被设定父子关系。

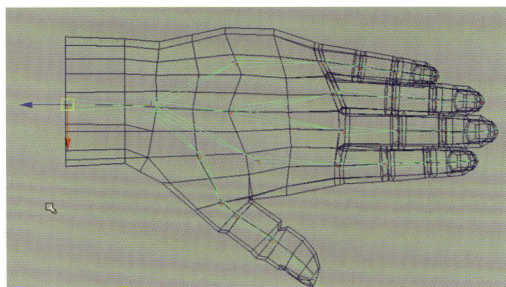

　　如图所示，形成父子关节。如果你犯了错或关节连接不正确，请不要担心。按Shift键加选P将分开骨骼链，因此你可以重新连接。

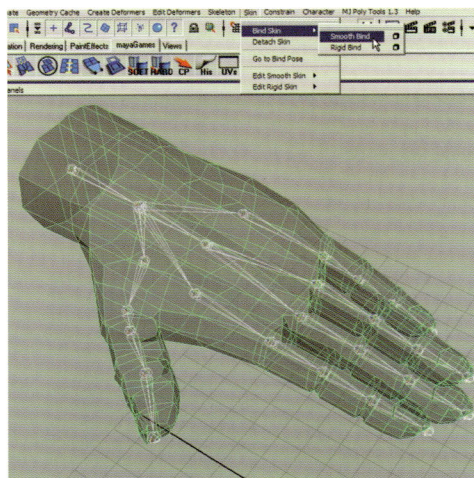

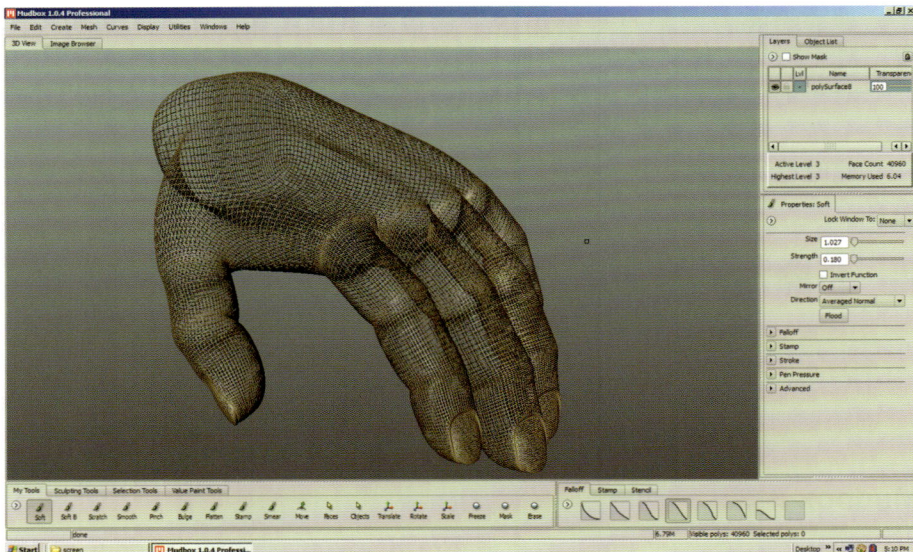

- Mesh > Subdivide Selection（网格 > 细分选择）。
- 细分两到三次。
- 退回到Mesh Density（网格密度）。Mesh > Step Level Down（网格 > 降低级数）。

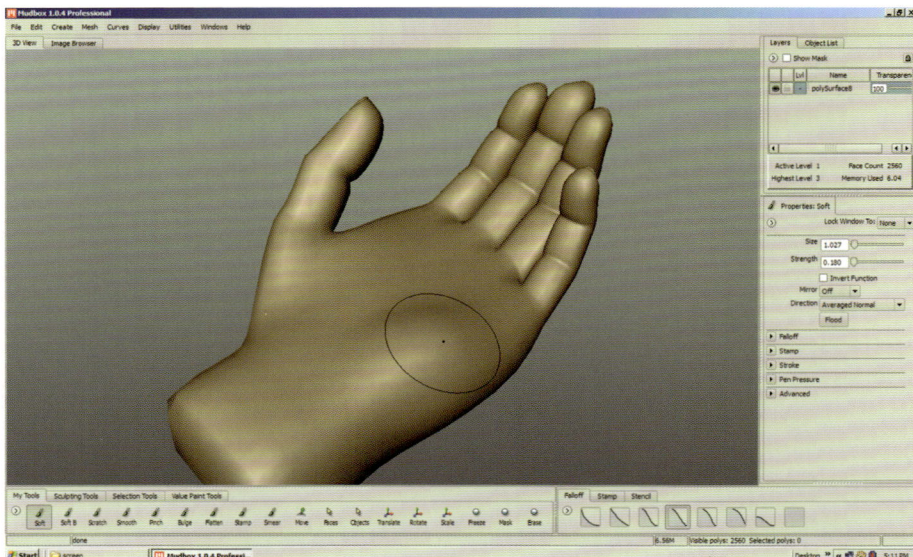

选择软笔刷并测试强度。每个网格和密度对Strength（强度）设置都有不同的反应。迅速调整笔刷大小，仿照Maya中使用的同样程序。

- 改变笔刷大小。当鼠标左键滑向一边时按住B键。

对于这个模型，Strength设置到0.180便可。

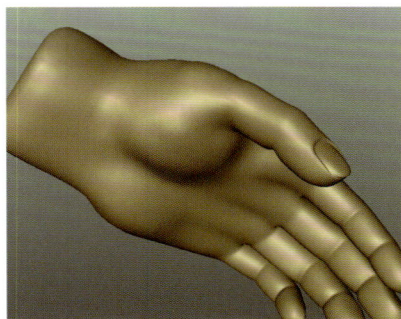

在增加密度之前请仔细检查第一次分裂的所有细节。这点很重要！

开始增加网格密度，并且降低Strength设置。

关于艺术性的建议：没有一本书可以教你如何成为优秀的艺术家。它只能教你出色的艺术技巧。当你试图雕刻解剖方面的细节时，比如骨骼、肌肉和肌腱等，我强烈建议你应该阅读这方面的好书。

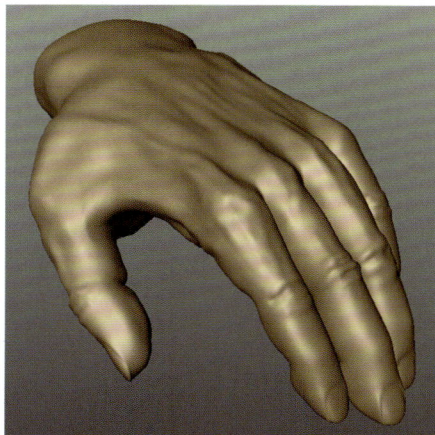

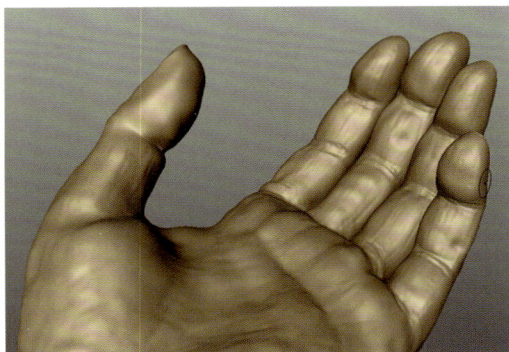

▦ 大功告成

　　通过使用Mudbox，你可以看到我们把建模技术和模型创作推向了现实主义的极限。这就是Mudbox数字雕刻细节花费不到一小时制作的手部范例。

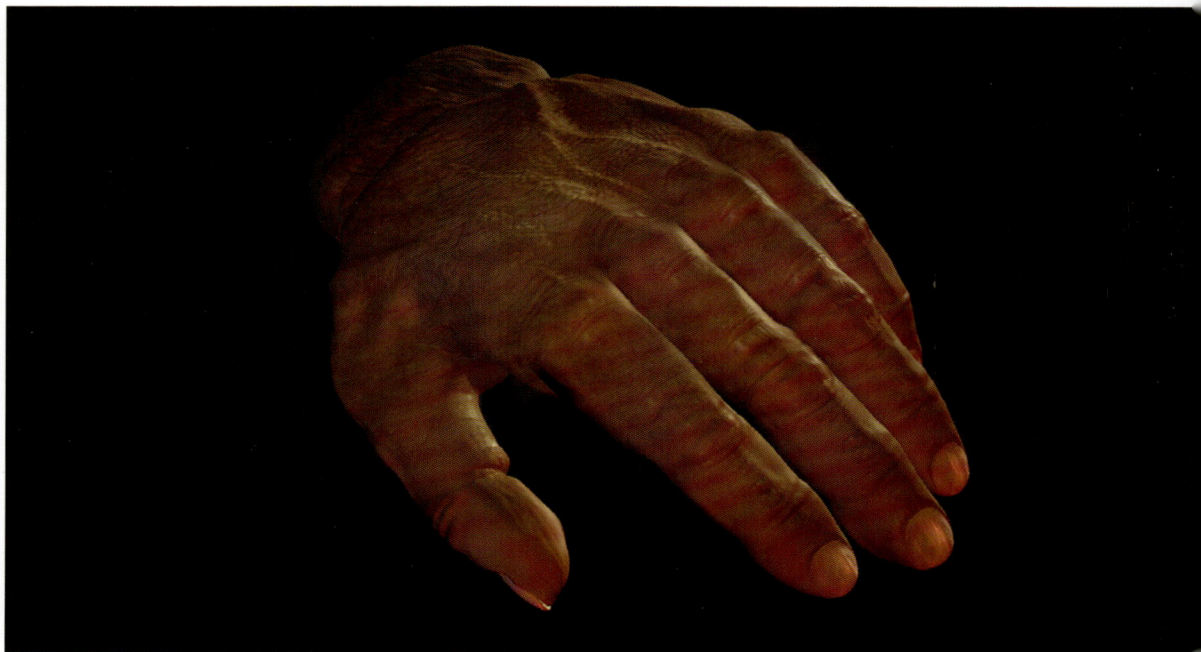

看一看DVD，包括视频所显示的；Mudbox雕刻的这只手。

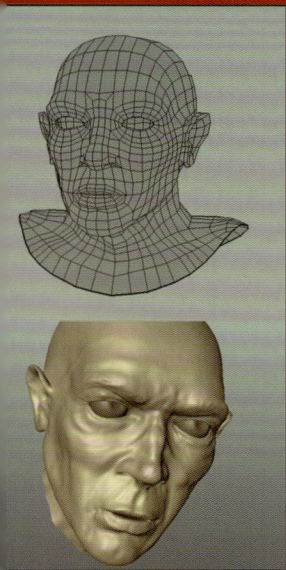

第九章
真人头部建模

　　人的头部，是一个现实的对象，它是最难制作的模型之一。即使你顺利地解决了建模，也会在UV布局和纹理方面受到挑战。有些面部制作看起来比较假，不够真实，主要还是缺乏具体细节和对比阴影的处理。通常，头部的关键在于眼周，这显然是最难塑造的部分。如果模型在最初的几次尝试中并不顺利，请不要气馁。当技能提高之后，你便会成功。再次强调，这是你做过的最难的模型种类。因为，作为人类，我们十分熟悉面部的细微之处。一个幻想产物或未来生物可能会更加可信，因为它要求观众的想象水平，但是现实的人类特征在每个人的脑海中已根深蒂固，包括儿童。这便是为什么动画工作室往往倾向于将人物角色风格化，而不是充分再现现实的一个原因。

▦ 我们将学会什么

　　在这个项目中，我们将注意力集中在头部特征而塑造一个有效的网格，使它可以在Mudbox进一步雕刻而趋于流畅。

235

> 💡 **提示**：作为初级建模者，你必须打好基础，在能跑之前首先学会走路。如果你认为你将在第一次就能创造一个了不起的头部模型，那是不现实的。但是，当你要做一个模型，反复制作，一遍又一遍，每次你的步骤将会越来越合理，工作越来越精细。 所以，挤出时间学习精湛的技术并付诸实践，你会成为一个战无不胜的专家。

步骤1：开始

一个最终的想法

塑造一个真人头部模型有许多的方式或方法，但总的来说，这一模型需要考虑几个具体问题。眼睛和嘴部的正确边缘循环是极其重要的，特别是为角色设计口形和动画表情的时候。

这一课的重点主要是：为模型完成一个现实的拓扑结构，适当的UV布局和雕刻一些细节。让我们开始吧！

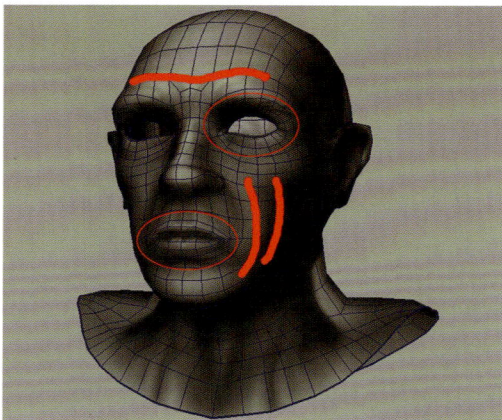

设置模板后(面向Z轴)，如图所示，为眼眶创建一个多边形，8~12个顶点最佳。

- Mesh > Create Polygons（网格 > 创建多边形）。

- Edit Mesh > Extrude the edges（编辑网格 > 挤压边缘），并且将其移动至外眼睑边界。

创建一个多边形球体形状，然后缩放并旋动它，调整到正确的大小和位置。

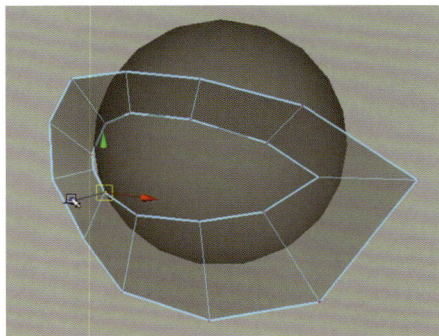

现在移动眼睛的形状创建弧形。每个顶点都在Z轴上，只有这样，才能使它紧附球形(眼珠)。然后将外部的顶点略向前移动，大致塑造眼睑的自然形态。

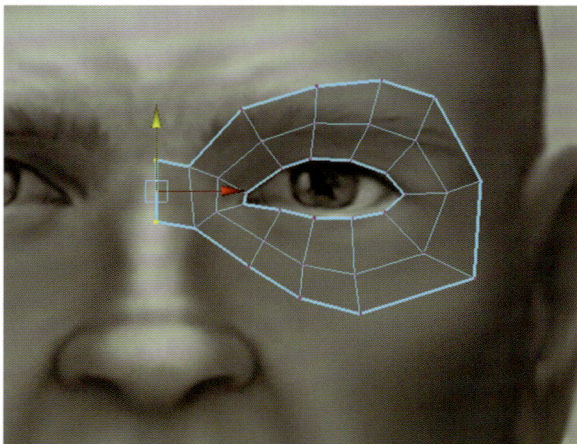

再挤压一次，继续同一个过程。如果你对边缘推挤到什么程度没有把握，那也没关系。因为在塑造期间，头部网格会需要你加工重塑多次，才能达到精细形态。

我们的目标是最终在眼周获得正确的三行。使用Mirror Geometry（镜像几何体）特性创造另一眼眶。然后Combine（结合），连接两者。

步骤 2：塑造鼻子

面具后的人是谁？

我们正试图制作一只恰当的眼罩。在整个头部模型中，我们会继续重复这个过程。

现在对网格的两边进行操作，使用 Append Polygon（增补多边形）工具连接边缘。

- Edit Mesh > Append Polygons（编辑网格 > 增补多边形）。跟随紫色的箭头方向，选择所需的边缘。

请务必按Enter(输入)结束此工具，或者按Y键结束选择，但是保持此工具打开状态。

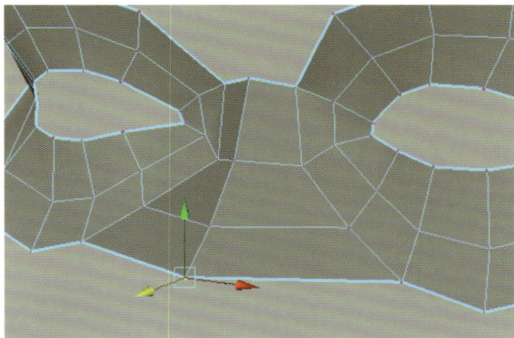

当你制作鼻梁形状时请分割面。这时要花点时间，但不要过于注重形状；当你移动顶点时，它会一起移动。然而要记住，移动两边应使用Move（移动）工具或Scale（缩放）工具。

在鼻子中心的两边再做分割，这可以使你更好地塑造鼻子。

对此形满意后，删除另外一半(对连接的另一侧使用投射，这大概是一个好想法)。记住，为了正确的拓扑结构，要保持边缘循环的流畅。眉弓应该起伏波动，而不应是水平直线。

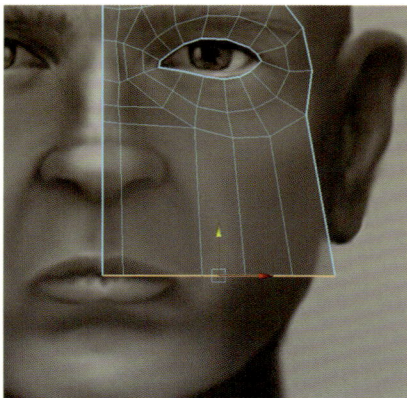

现在挤压底部边缘粗略做出脸的下半部。使用Scale工具(Y轴)，如果你愿意，甚至对下颌边缘都可使用此工具。

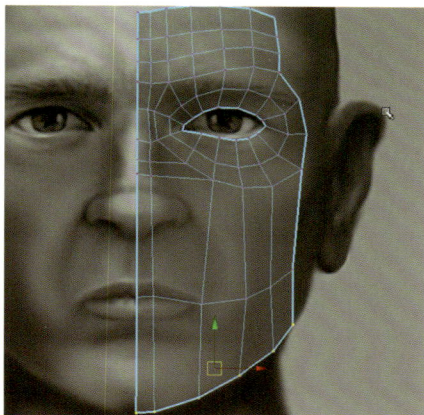

沿着下颌线安置顶点。此外，穿过中心分割一个边缘循环并从嘴部中央画出新的一行。

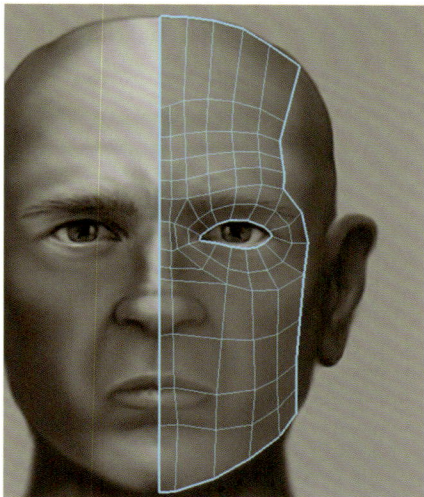

继续制作所有新顶点的边缘。再者，牢记面部的流畅轮廓，例如下颌和嘴部的起伏。

开始添加细节

现在我们面临一个严峻的考验。让鼻子和鼻孔看起来逼真确实是一个挑战。重要的是暂时保持简单。不要一下子添加太多细节。面部建模犹如画布上画油画。必须不断动手，反复修改所有方面，不能停滞在一个聚点上。

分割鼻孔外部区域。不要关注是三角形还是n边形等诸形。一旦整体形状到位，你能扫除所有此类缺点。

保持视图区到侧视图。一定要用侧视图，而不只是在Perspective（透视图）中旋转，因为你需要顶点在恰当的Z轴方向移动。

塑造嘴部需要清楚无误，但首先你得做出一个基本的杏仁形。如同制作眼睛一样，保持流畅的环形。

为了嘴部的充实逼真，上、下嘴唇各排三行以塑出基本形状。这是一个好的开始。从鼻孔到嘴唇外部轮廓的起伏皱痕对于面部表情非常重要，比如微笑。

步骤3： 制作头部外形

现在进行一个较难的部分

完成头部网格的外形曲线将会考验和精炼你的技能。你很难在首次获得成功。如果你做成了，那也只是纯粹的运气。但这一步也是塑造头部最有意义的部分。

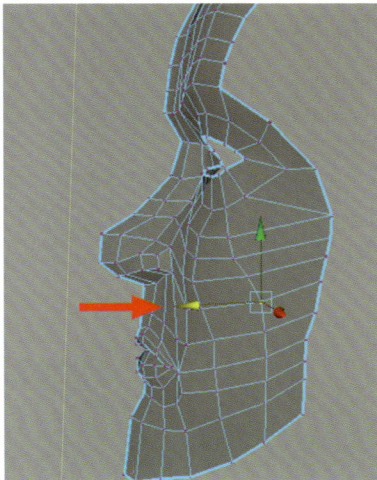

当主要的前部"面具"完成后，我们可以集中将顶点拉引至外形侧面，完成头部的球体形状。

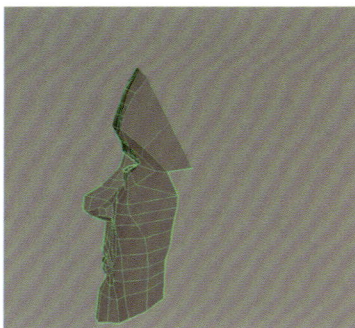

此时不同于我们在第七章 (飞行员胸像：低多边形的头部建模)塑造的头部，我不打算向你提供显示每个顶点位置的模板，因为，当您创造一个原型时，你不会有任何模板可选。

但是，我可以提供一个基本轮廓，soldierHead_profileTemplate.tif，为你提供这个外形的大体比例。显然，你也应该建立一个类似这样的简单草图，以备将来之需。

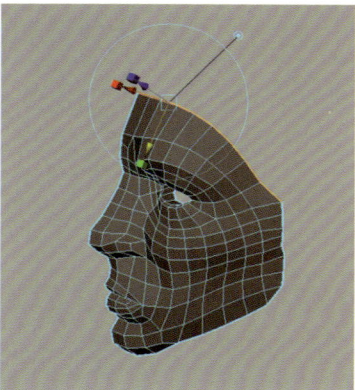

继续挤压边缘行，缩放并把它们转化为头部所需的基本球形。

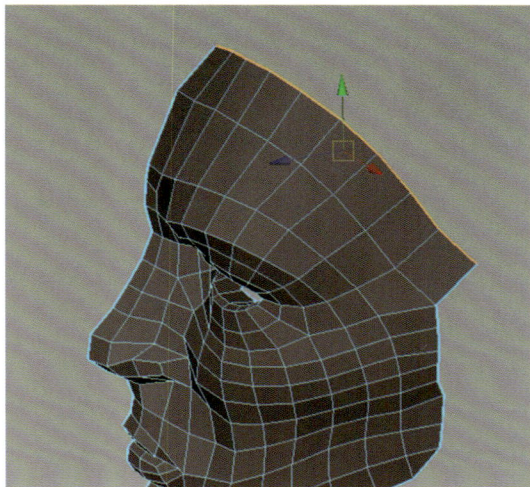

注意"面具"的线条平滑、流畅、连贯。

对下颌轮廓完成同样的过程，有条不紊地进行。

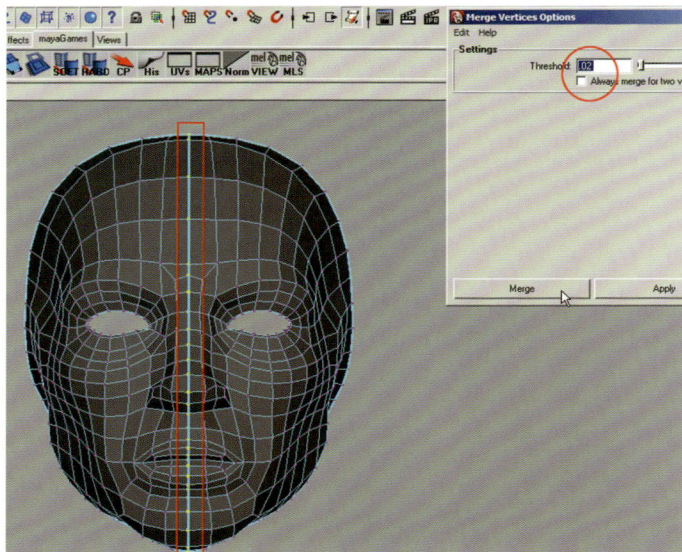

一旦粗制出这个基本的头部（记得在修改头部一侧时，要删除另一侧），请依照以下步骤：

- 镜像几何体（每个重要转折处）。
- 沿着中心合并顶点，设置低Threshold（阈值）（0.002的工作效果很好）。
- 记得删除所有历史，并且重新保存文件。

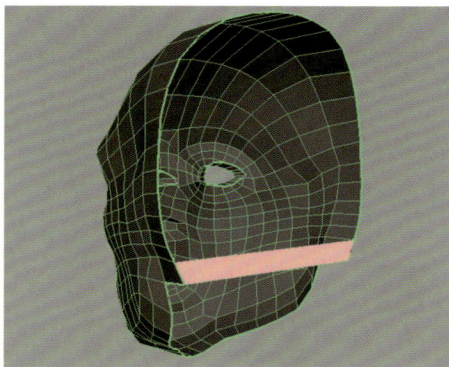

对于快速填补头部网格的后部，这里有一个技巧。

- Edit Mesh > Append Polygon（编辑网格 > 增补多边形）。
- 在头后部的底下部分选择一个边缘。
- 选择在另一侧的对应边。

- 选择刚建成的面的上边缘。
- Mesh > Fill Hole（网格 > 补洞）。

- 选择刚建成的面的下边缘。
- 再次Mesh > Fill Hole（网格 > 补洞）。

247

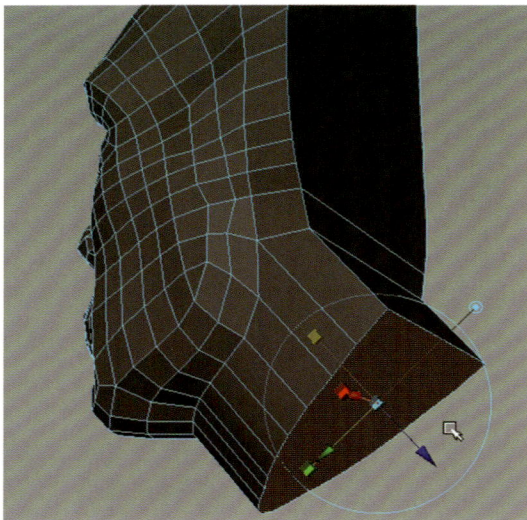

- 选择底面并挤压。
- 如果需要铺平面，使用蓝色箭头的缩放框。

    如果不需要塑造肩膀上部请跳至步骤4。

> **提示：**制作颈部和肩部区域既艰难又费时。并且，由于制服遮住了脖子的上部，所以士兵的这些身体局部是不需要制作的。在此展示这个过程的缘由，只是为了将来你可能会遇到此类建模项目。

创建颈部相对容易。

- 选择所有底部的面并且挤压。
- 水平缩放所有面，然后，如下图所示，以轻微的角度旋转它们。
- 再次完成挤压过程，保持最底面的水平位置。

- 现在添加一些边缘循环分割工具，均衡网格密度并开始修改颈部和肩膀上部。

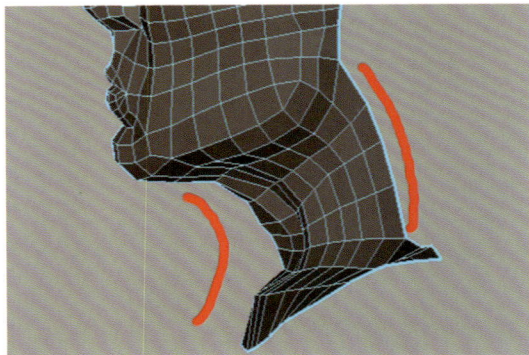

通过向内推挤顶点塑造颈部，从下颌到肩膀创建一个倾斜的"C"型。

步骤4：塑造人的耳朵

耳朵塑造比较容易

　　最独特的造型之一便是人的耳朵。当你创建一个模型时，它可能也是令人困惑、无从开始的形状之一。我会给你示范一个简单快捷的好方法。

> 💡　**提示**：有几个网络教程非常出色，它们重点讲解塑造人的耳朵。设法提高你的技能并勤学其他建模师的方法。

　　为挤压出耳朵，如图所示，选择15个突出的面。

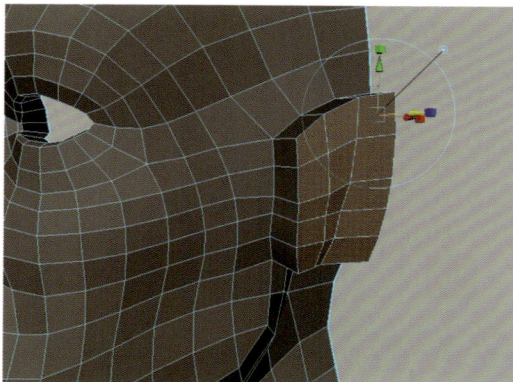

向外略微挤压这些面。

我喜欢删除这些边，这样，我可以用一张面工作而不是来自不同方向的几个目标。

再次挤压并将其较大地缩放。

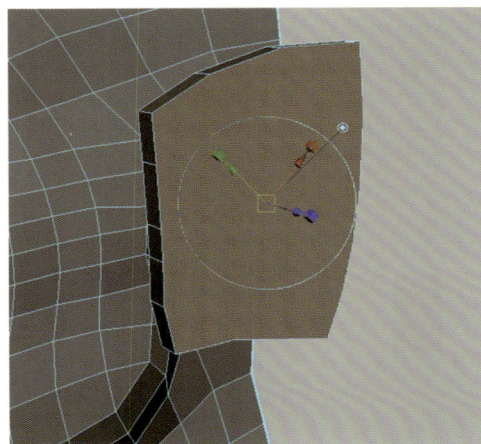

现在再做一次挤压以增加耳朵外缘耳廓的厚度。不要担心比例是否恰当。

我们再次挤压，这次向内缩放。

再次挤压，增加出耳腔的深度。

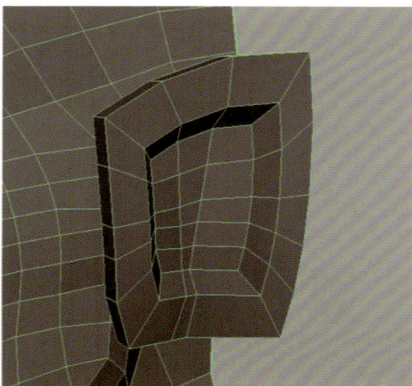

现在我使用Split Vertice（分割顶点）工具将边缘添加回来。

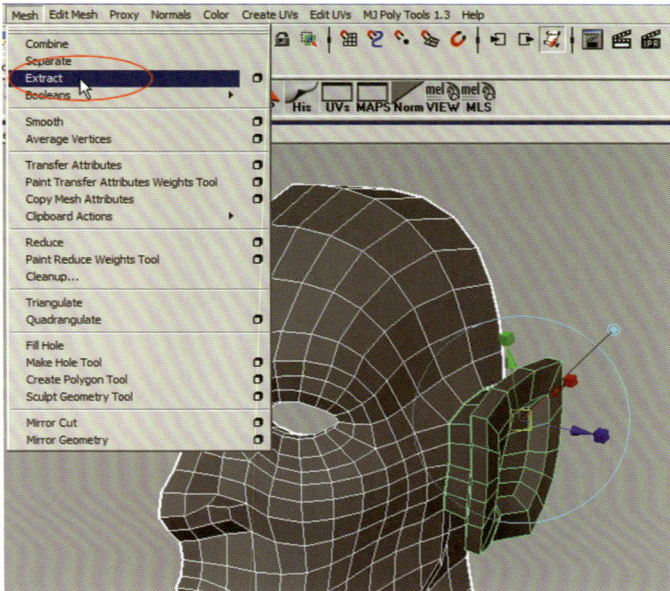

此时我喜欢将耳朵从头部网格的其余部分中分离出来，以便我可以更加舒适地工作并且从各个方向进行。另外，因为我不打算改变内侧的顶点，所以使用Merge（合并）工具重新连接耳朵就是小菜一碟。

- 如下图所示选择这些面。
- Mesh > Extract（网格 > 提取）。

下页第一幅图就是被提取耳朵网格的头部。

253

现在检查最后的头部，并且，如果你准备继续，请镜像几何体(X轴)、合并中间行的顶点并一起缝合。

步骤5：完成头的后部

众多选择：哪个最佳？

现在做最后的部分。此部分也是对初学者的一点挑战，但有几个方法使你受用无穷。

方法1

你可以从多边形球体网格开始，沿着头部，改变它的Subdivision Axis（细分轴）和 Subdivision Height（细分高度）到近似行数(在这种情况下16×16会比较恰当)。将网格剪切一半，修改底下部分并连接。

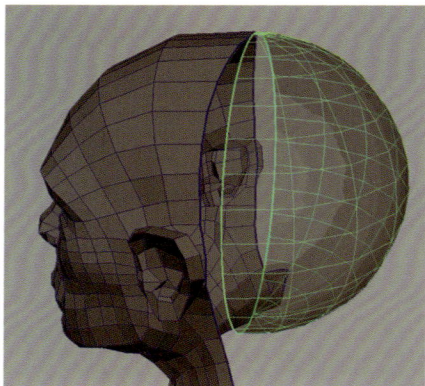

- 删除球体形状的前半部。
- 删除从球体底部成三角形的面。
- 增补底部，以便挤压新面。

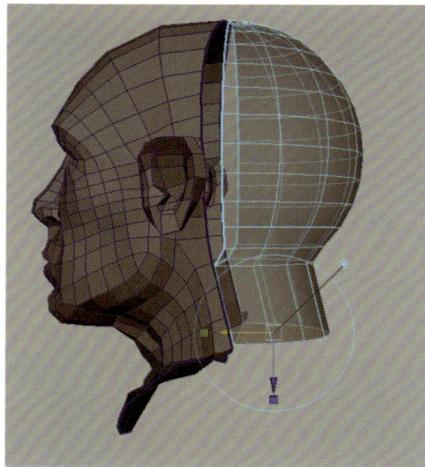

- 挤压底面。
- 分割新的边缘循环以匹配头前部形状。

方法2

用一个面填补头后部，挤压网格并使用Split（分割）工具，有点类似头前半部的创建。这便是我建造这个模型使用的方法。

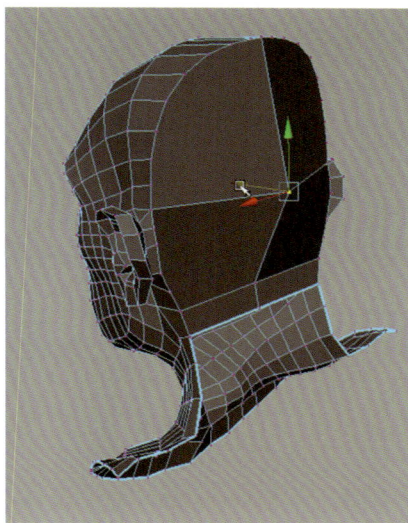

- 用Append（增补）工具填补头后部。
- 水平和垂直分割后部的面。

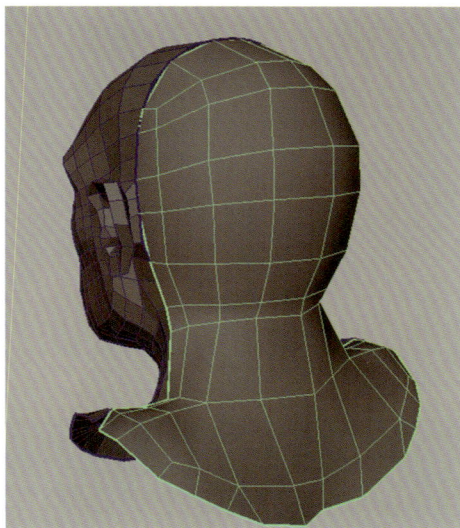

- 继续添加边缘循环，粗略制出尺寸。
- 添加边缘循环的数量与前部相同，以便你能恰当地将两部分结合、合并。

如何排列顶点：

- 从后部选择一个顶点。
- 按V键。
- 在前部移动到所需的顶点位置，直到顶点吸附在一起。

▒ 步骤6：适当的UV布局技术

从哪里入手

我总是对脸部进行平面UV映射并以模板图像来看整体面貌。我还会用灯光和渲染达到真实的感觉。

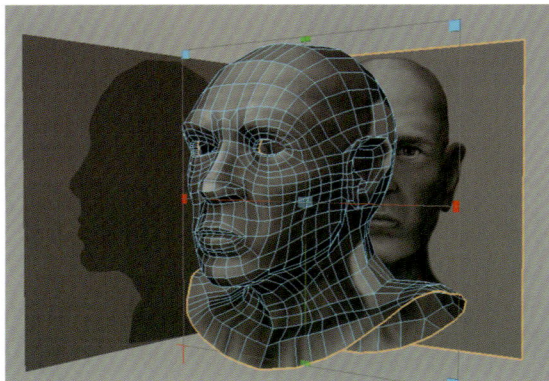

这个技术类似我们在最初的章节中完成的那些：

- 选择头部。
- 按Shift，加选模板平面。
- Create UVs > Planar Mapping Options > Z axis（创建UV > 平面映射选择 > Z轴）。

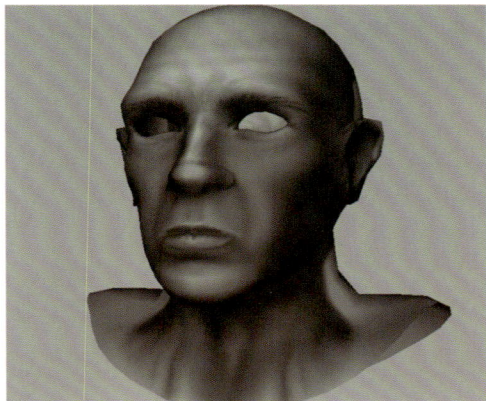

选择头部，并运用模板的着色材质。

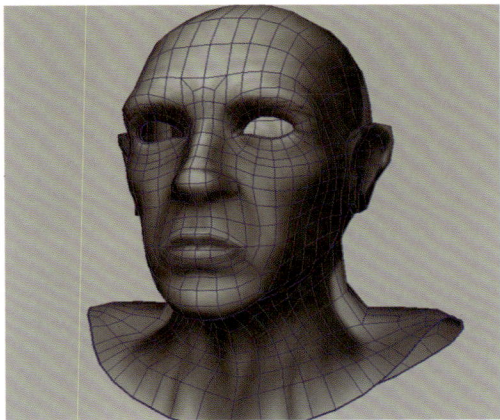

打开线框检查拓扑结构状态。在视图菜单中选择：

- Shading > Wireframe on Shaded（着色 > 线框显示）。
- 重复此选择，再次关闭线框。

使用圆柱形映射展开UV贴图

有效展开头部形状的最佳方法是使用圆柱形映射。它往往比球形映射运作更好。

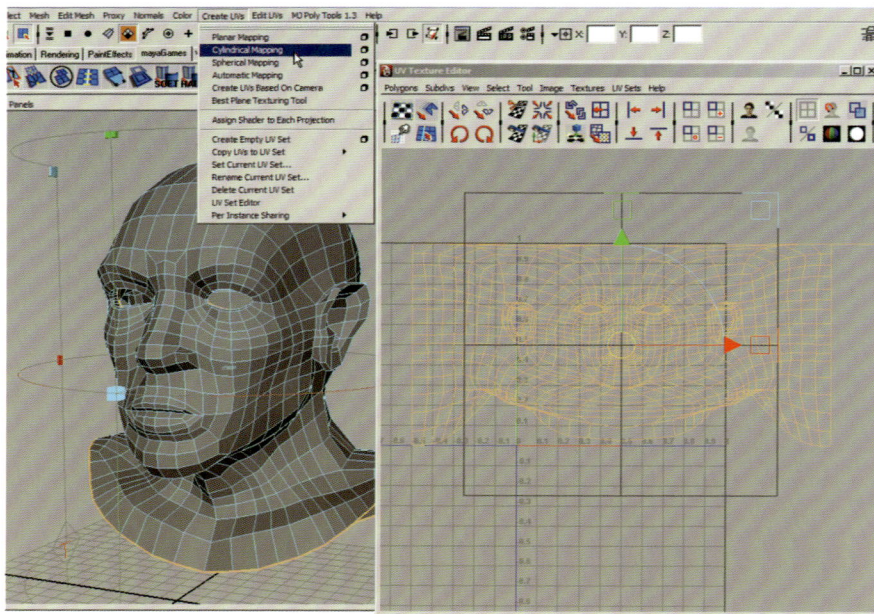

- 选择头部。
- Create UVs > Cylindrical Mapping（创建UV > 圆柱形映射）。

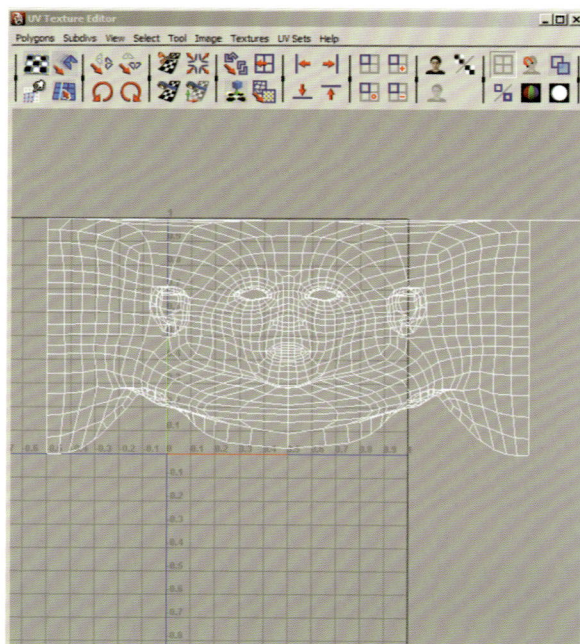

这是映射的结果。

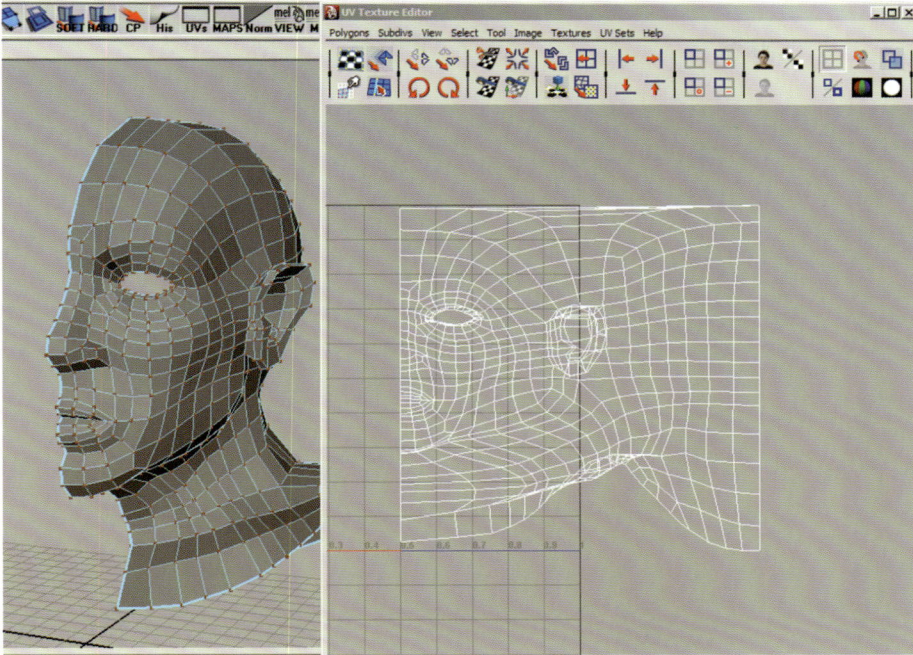

- 删除脸部一半来清除此贴图。

- 选择头的后半部和耳朵所有的面。

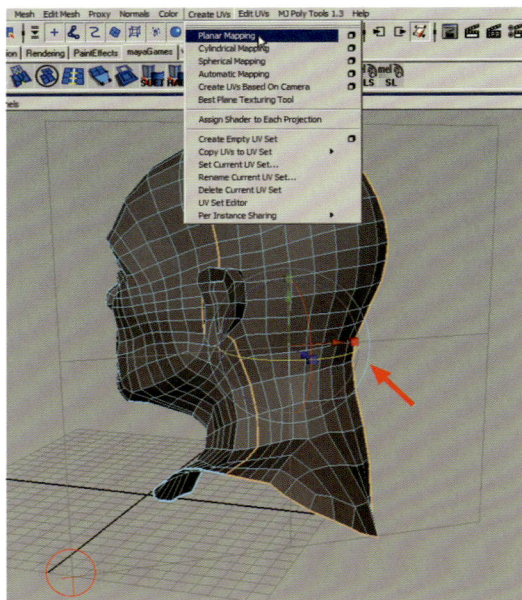

- 在X轴上应用Planar Mapping Projection（平面映射）。
- 选择在投射边界角落的红色"T"形状。
- 现在选择淡蓝色圆圈，激活旋转工具。
- 在Y轴(绿色圆圈) 旋转贴图方向。

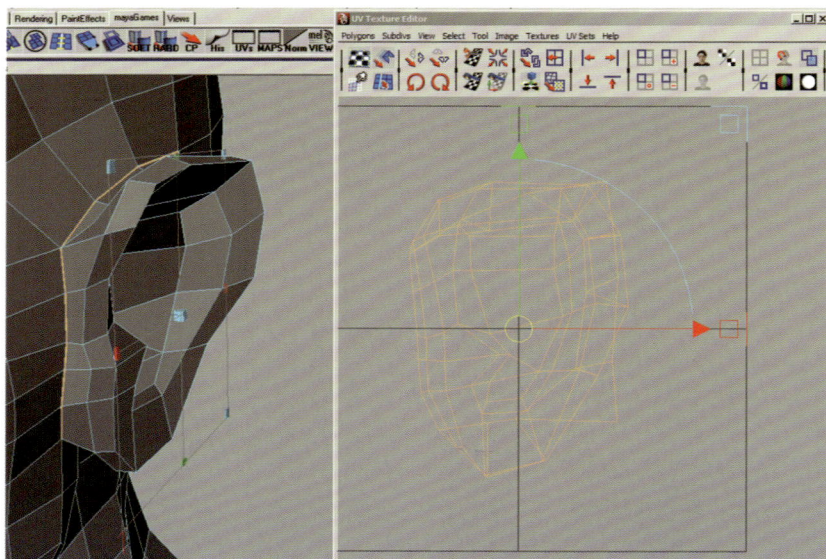

- 选择耳朵所有的面，再次在X轴应用平面映射。

- 在编辑之前检查完成的贴图布局。
- 确保每个"壳"与其他壳分离，以便你能有效地工作。

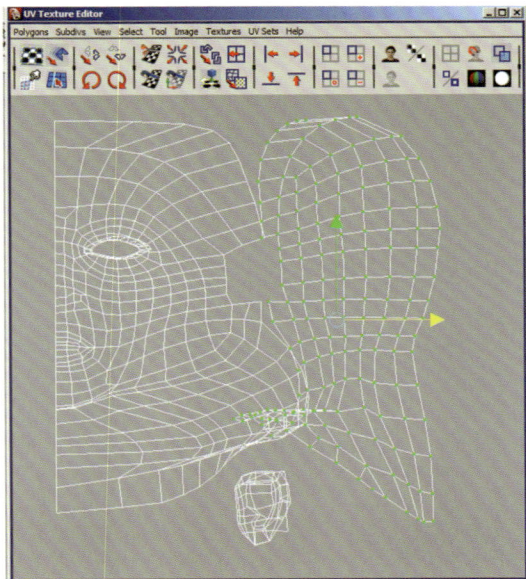

- 将头后部的壳移动至前部壳的位置，开始缝合UV边缘。

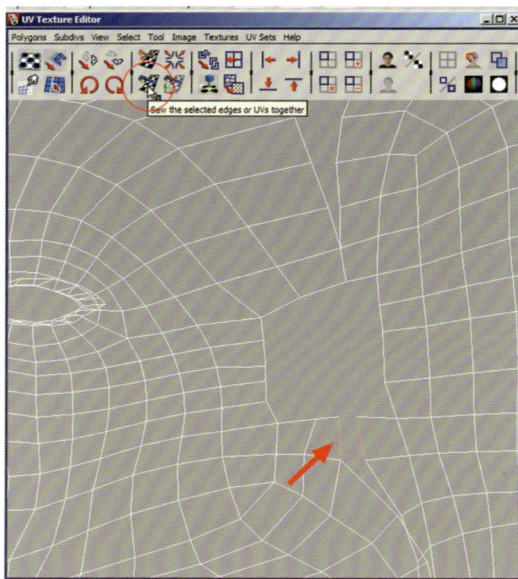

- 选择一个边缘，将连接的边缘高亮显示。
- 选择Sew Face（缝合面），一同缝合两个边缘。

- 选择两个侧面的UV，在UV编辑器里使用Scale(缩放)工具，在建模中你用过这个方法。
- 一旦准备好基本的布局，在头部的一侧调整UV。

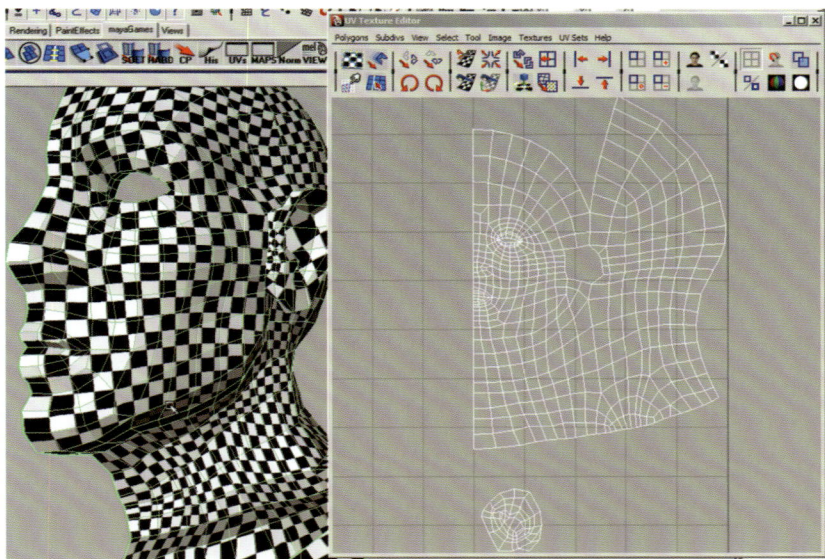

　　运用棋盘格材质，并检查UV密度(注意不同区域的棋盘格大小一致)。一旦满意，选择UV另一侧的面并删除；头部一半的网格也将删除。

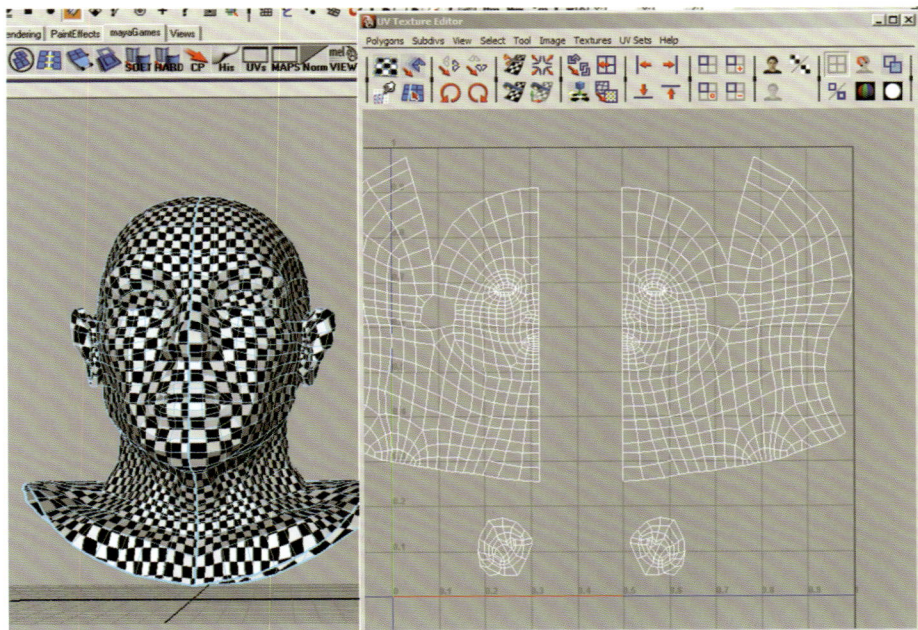

现在对头部网格进行镜像几何体，并翻转新侧面的面。

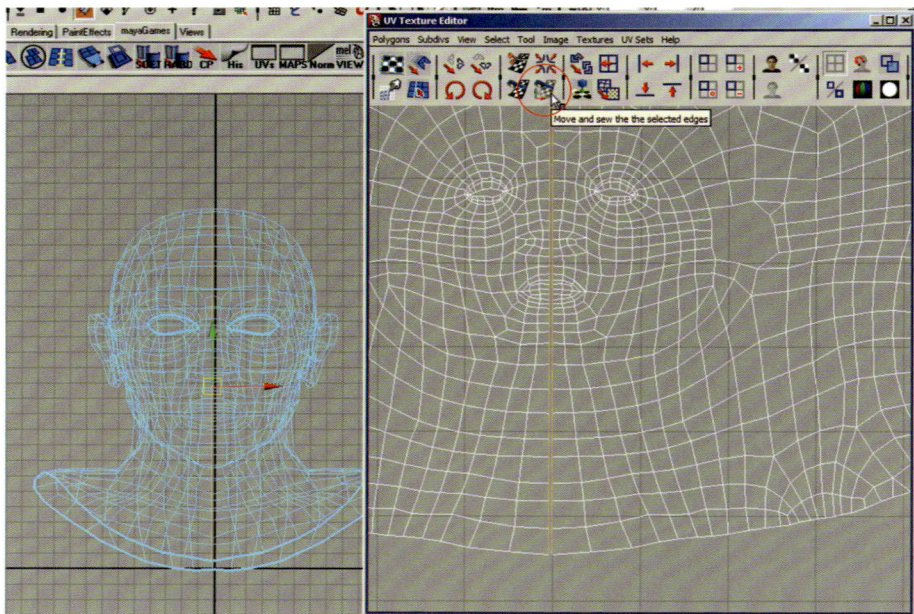

完成UV布局的最后一步是选择所有沿着脸部UV中心的边缘，并且运用上层菜单图标中的Move and Sew UVs（移动和缝合UV）工具选项。

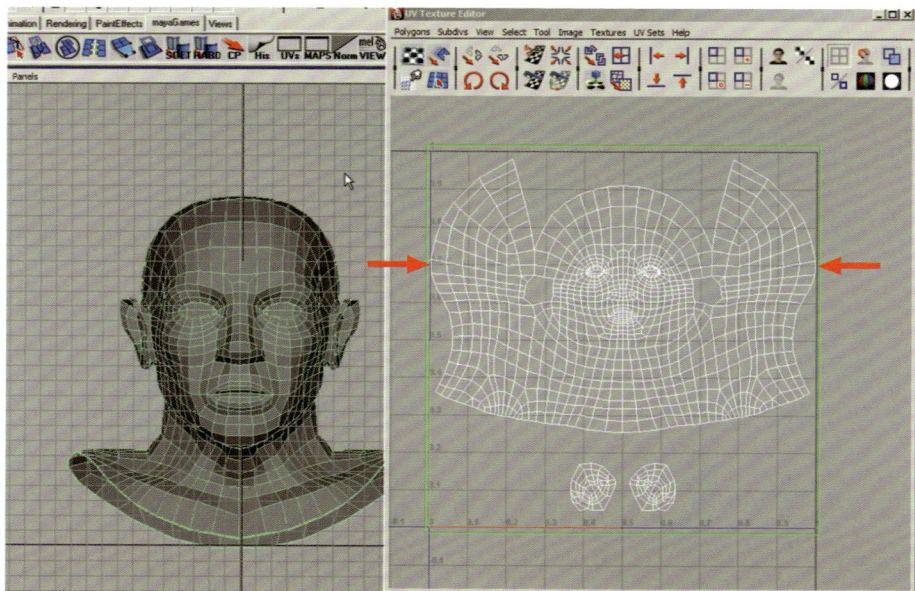

- 对完成的贴图布局满意后，记得缩放它，在第一UV象限内布满。
- 现在，完成的UV作为UV Snapshot（UV快照）将被导出。
- Polygon > UV Snapshot > Select map size（多边形 > UV快照 > 选择贴图大小）；(默认位置将是sourceimages文件夹的soldierhead项目文件)。

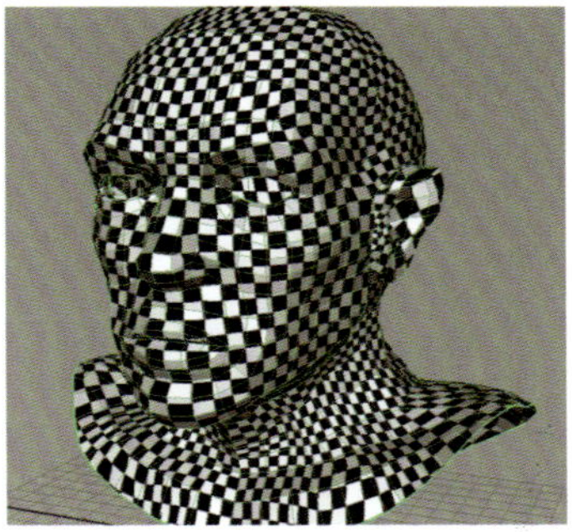

现在拥有UV贴图布局的头部，为了在Mudbox中雕刻细节，准备作为一个.OBJ文件被导出。

> **注释**：棋盘格的尺寸略微变形是没问题的，因为这将附上皮肤纹理，小瑕疵无伤大雅。

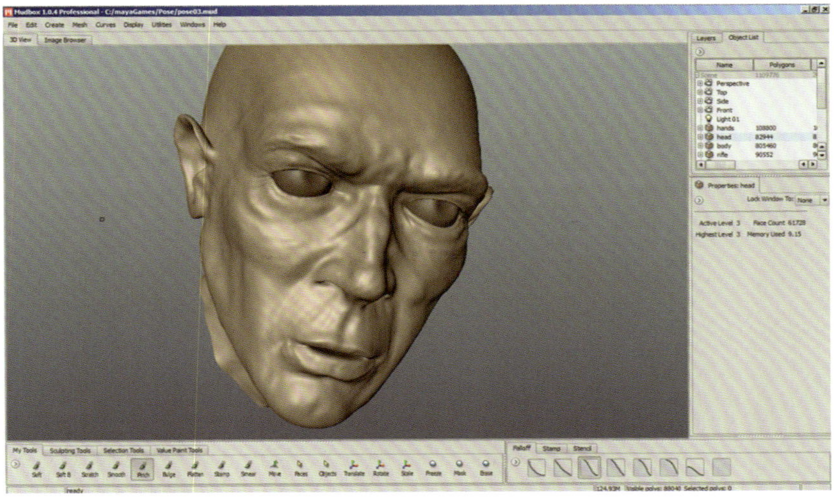

上图是是头部在Mudbox中雕刻细节后完成的。在Mudbox的细节操作很快，1个小时内便完成了。要想学会更多此类技术，请跟随我到第十二章（Mudbox的数字雕刻）。

▦ 大功告成

　　与任何3D模型一样，直到进行了纹理贴图并且灯光渲染图像后，你才能完全理解你的工作。对于这个战士的头部模型，我创建了一张面部的快速纹理贴图，还有一些其他诸如凹凸、法线和高光的贴图。在第十一章技术5，我将展示如何为模型项目快速有效地塑造这些纹理贴图。

这是头部最后的雕刻和纹理。头盔也被渲染了。

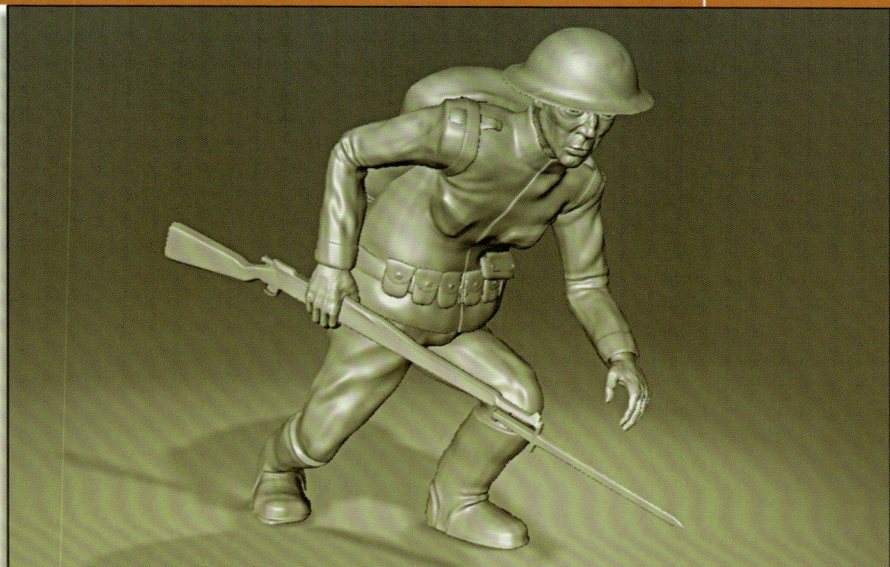

第十章
Maya到Mudbox建模：士兵

随着ZBrush和Mudbox数字雕刻软件的到来，建模的方式已经改变。在过去，建模必须创建网格，分割多边形，并且以缓慢而费时的方式添加定义。大部分的"老派"程序在建模工作流程中仍然有效和有益，但使用雕刻软件的好处是能够实现创作灵感的精妙细节，快速完成从A点到B点的塑造。它代表着新生与复兴，如果你是建模业的明日之星，那么不可不学。

工作流程

在这一课，我将演示如何粗略制作一个简单的盒模人形，在此基础上，形成士兵制服。然后，把较低数的多边形放在Mudbox并添加一些细节，将略高数的网格带回Maya润色和更改，再次返回Mudbox定稿。我也会忽略布局UV，因为在高多边形的网格产生之后，我们使用一系列的UV转移方法仍然能够实现一个优质的UV布局。

269

注释：这一课，我不打算反复强调每一步细节。很多东西是你已经掌握的。如果是重要的步骤，我会解释说明应该用的工具或技术。但这一课非常直观，你会发现实际中的建模可能比你想象的还要容易。

珍惜时间是一种美德

"时间就是生命"，这是老建模师的座右铭。在创作中似乎永远没有足够的时间来完成你真正想要的结果。更糟的是既要处理日常工作，同时还要尝试写书！

所以，不用说，这一课肯定没有像士兵的皮带和背包这样的附件。然而，如果时间允许，我打算赶在本书出版前及时完成这些附加物。我将把最终的图像张贴在网上，甚至可能还有更多的后续教程供你下载。

▦ 步骤1：保持简单！

Mudbox 所做的工作

在这一课，让我们扔掉一切你听说过的边线和定义。尽管我们需要模型，但目标是在Maya中生产绝对最低计数的网格，并在Mudbox刻画细节时允许模型自行处理。

我已经为你建立了这个基本的模板，开始：

* 找到项目文件夹：Ch10_SoldierBody。
* 打开文件：soldierBody01.ma。

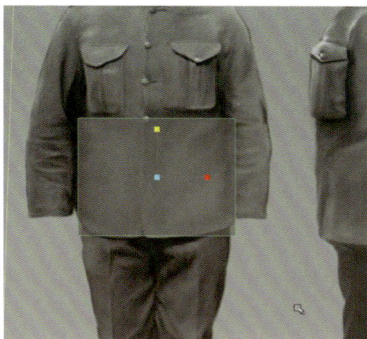

这个模型是以最简单的形式建造的基本盒模型。

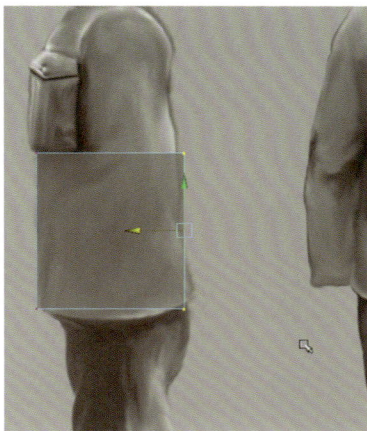

当你塑造每一个新的挤压时，一定要通过前视图和侧视图的不断转换来观察。

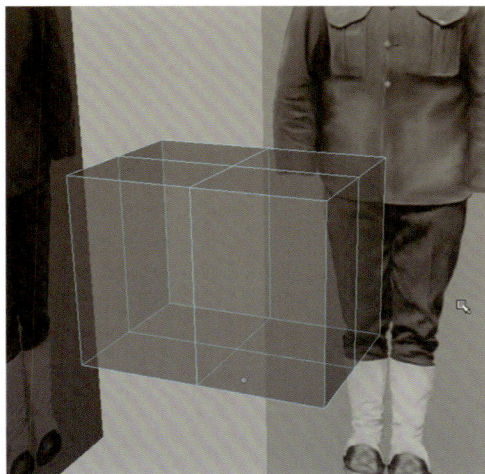

不是从一个细分的立方体开始，而是运用所需的边缘循环分割。

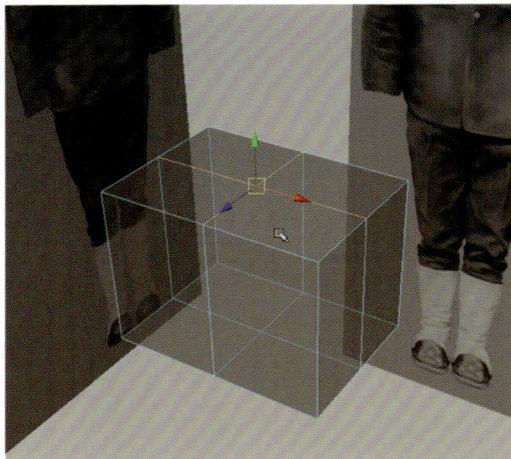

我个人更喜欢去除边缘，因为在这个盒子里只需挤压一个面，而不是选择四个。

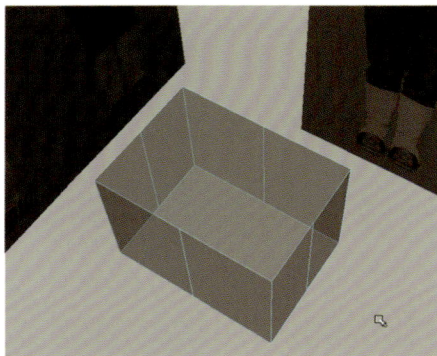

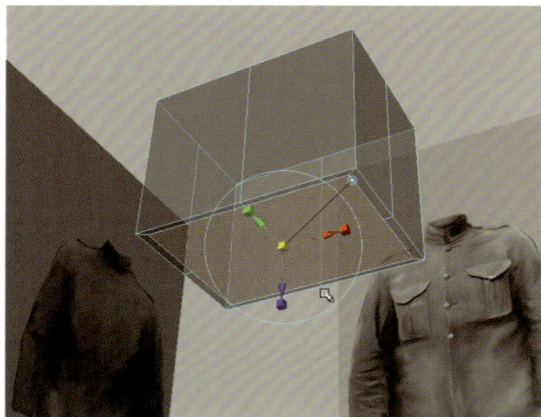

从腰部开始，挤压腰的内侧，首先确定上衣边缘。

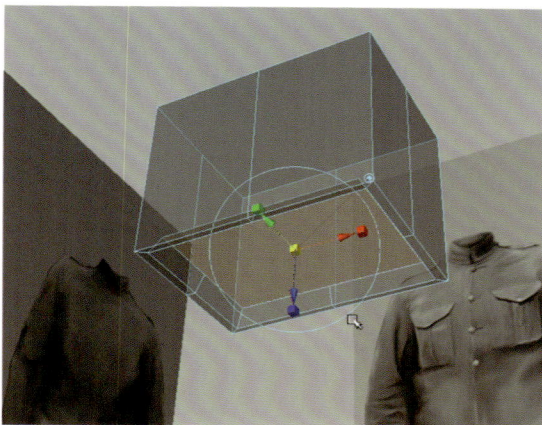

再次分割边缘，因为我想着重建造一条腿。

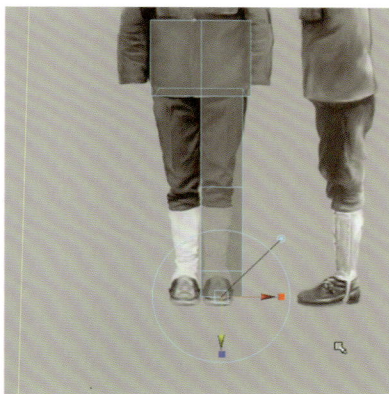

如同我们在第八章做的手部模型，腿和手臂在膝盖和肘部要适当变形，这同样需要关节分割。

做靴子的形状不太容易，暂时只需要完成一个盒模型。

现在，开始做躯干，再次向上挤压至脖子上。

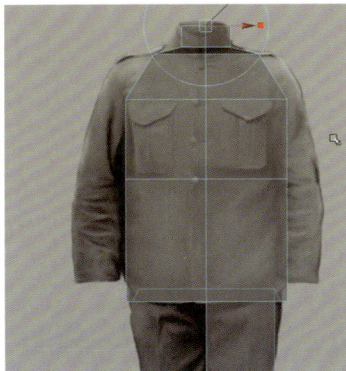

把肩部做成近似锥形体。

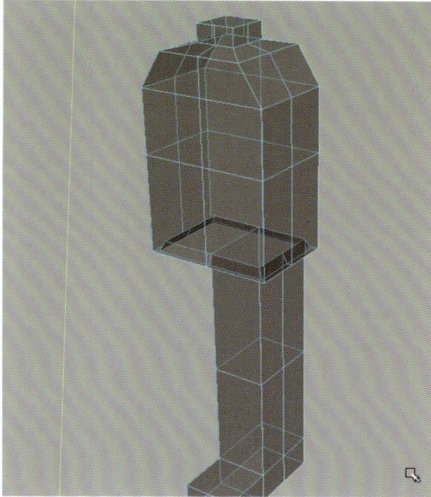

当手臂挤压出一个角度而不是90°的平面时，似乎有些笨拙，但我们很快就能将其重塑。

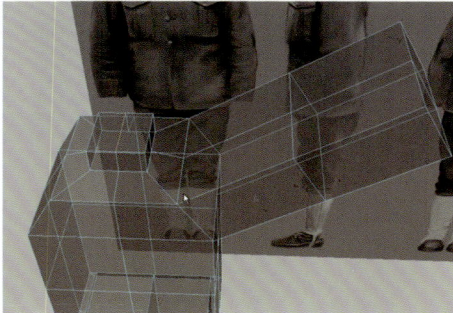

现在我将删除一半的模型，留下左半部。

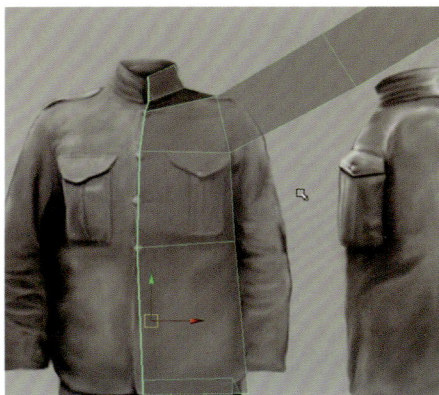

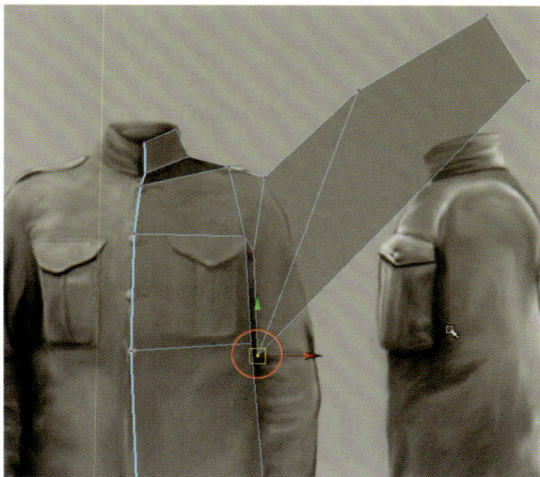

　　拖动选择顶点确保获得网格的前面和背面。然后，把这些顶点拉到合适的位置。如果位置不恰当，可以较容易地返回并调整。

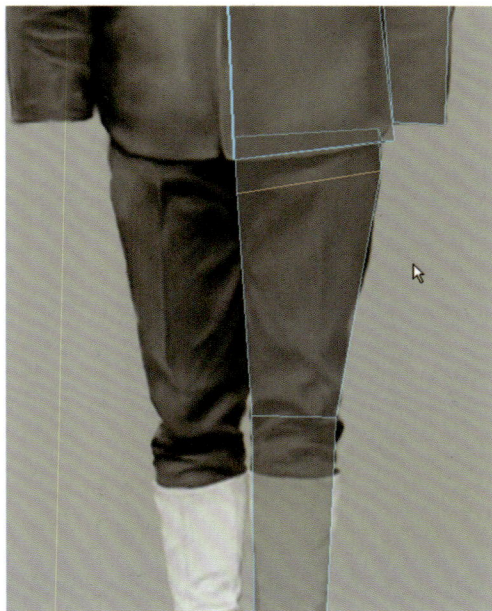

　　在腿部的建模，骨盆部位是非常重要的。通常会想到这种姿态应从裆部开始，至少有三处分裂就能够产生良好的变形。我将在稍后添加更多的边缘循环。

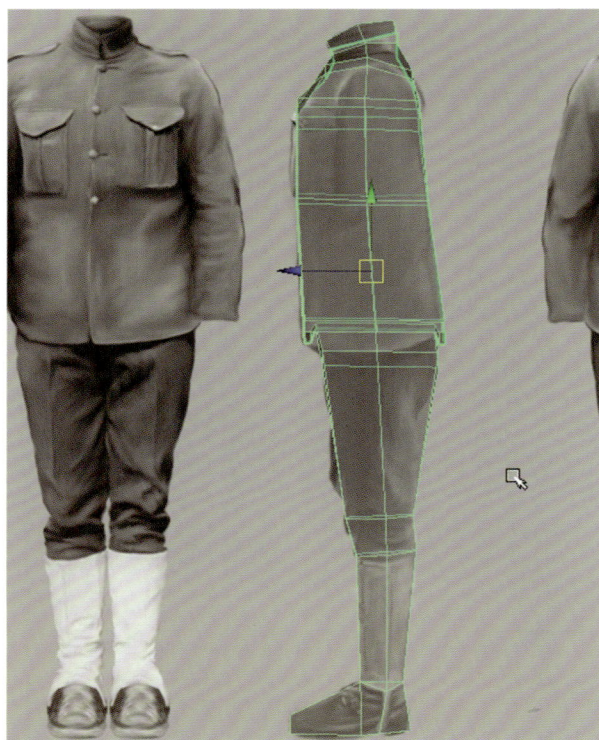

把重点放在侧面，塑造成一个更好的拓扑结构的手臂。

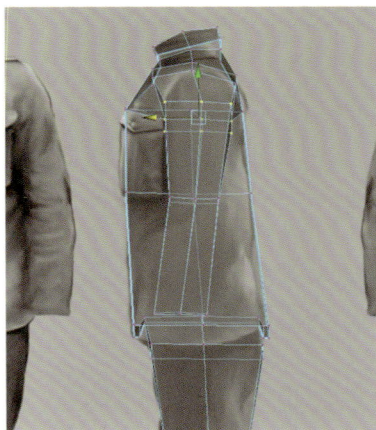

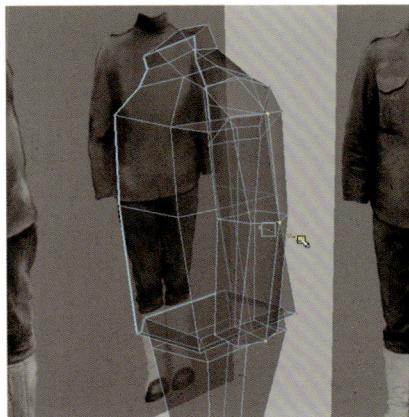

　　慢慢来，让中心分割为你工作。轻拉顶点，你可以毫不费力将方形手臂、腿部和躯干做圆。

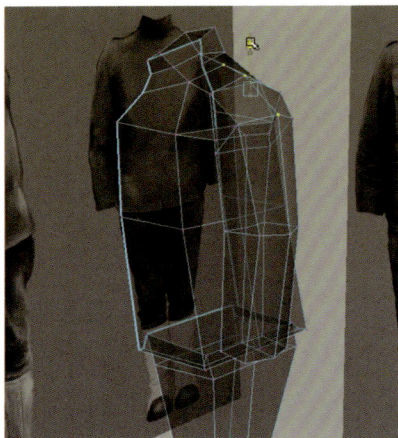

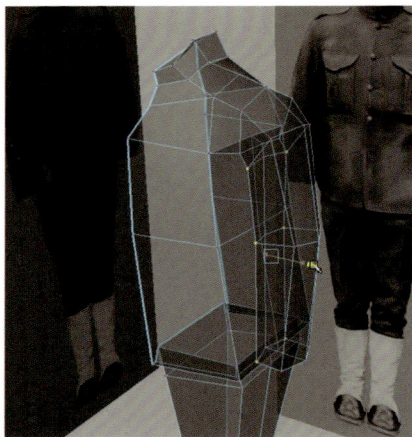

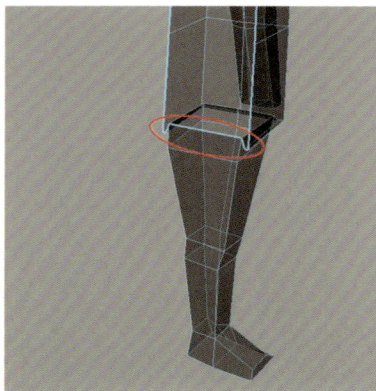

我需要在腿的内侧面切线，以协助腿部圆化。

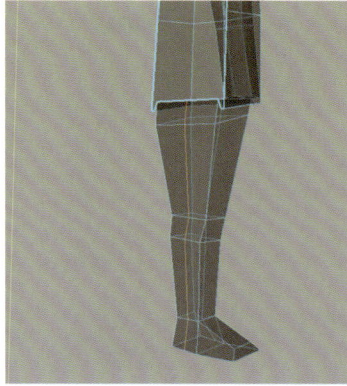

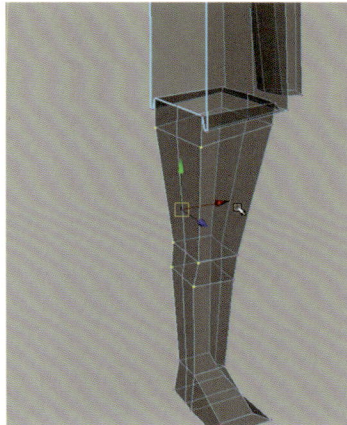

我的内侧中心尽量向内，所以这次我会向内移动两行顶点而不是向外移动中心行。

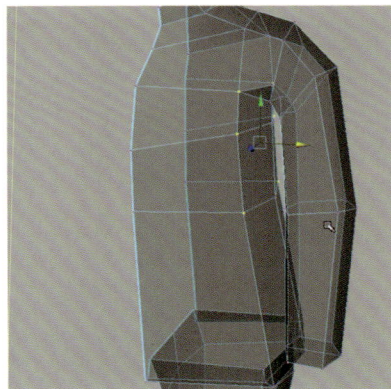

我只是简单地处理了腋下，尽管它看起来很奇怪，像一根弯曲的面条。不过，稍后在Mudbox里我们可以轻松地把它做成漂亮的的折痕。

内裆部分过高，顶部的两个面需要去除，以便正确地塑造裤管内缝。

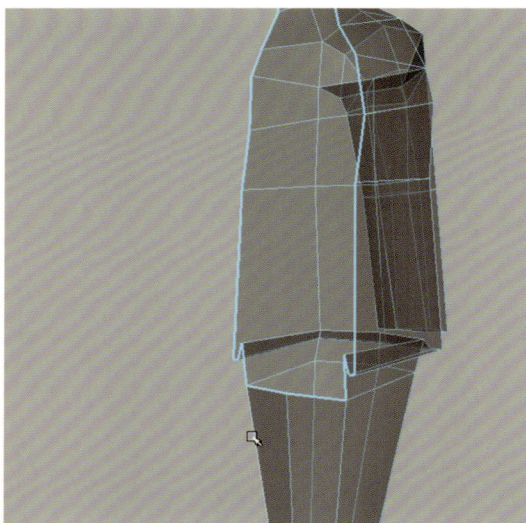

步骤2：镜像几何体

开始完善模型

现在，我们进入完善的第一阶段。

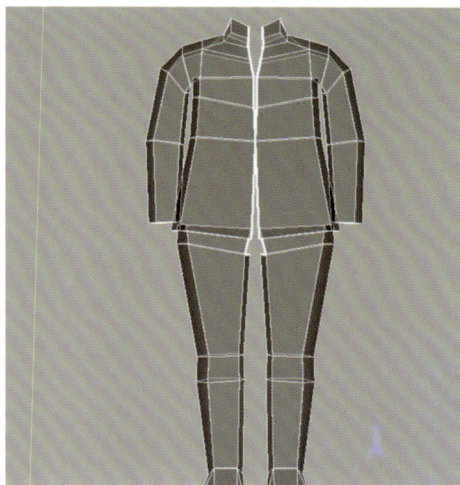

镜像后，该上衣弧度的尺寸向外拉得太远。一旦如此，我将告诉你如何轻松地解决这个问题。

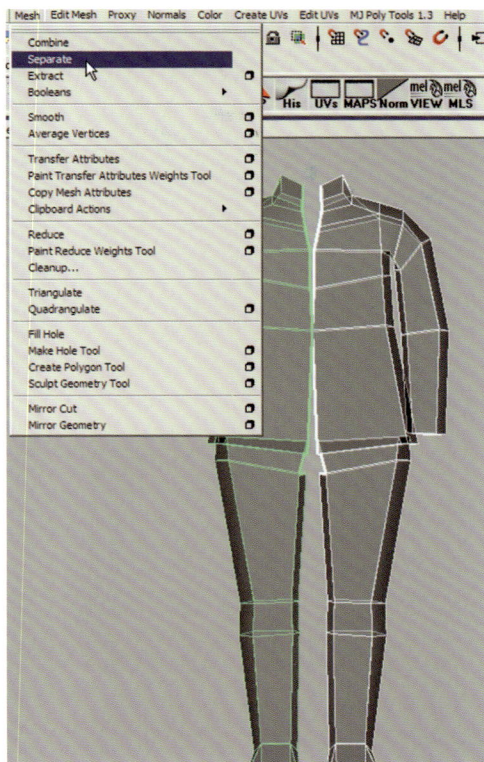

首先，选择 Mesh > Separate（网格 > 分离）把两部分分离成单独的网格。

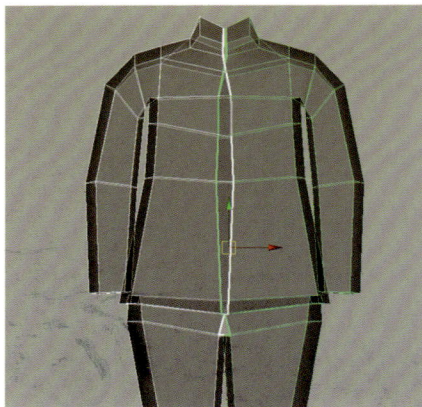

接下来，把其中的一部分拉到你想要的体宽位置，不要担心重叠。

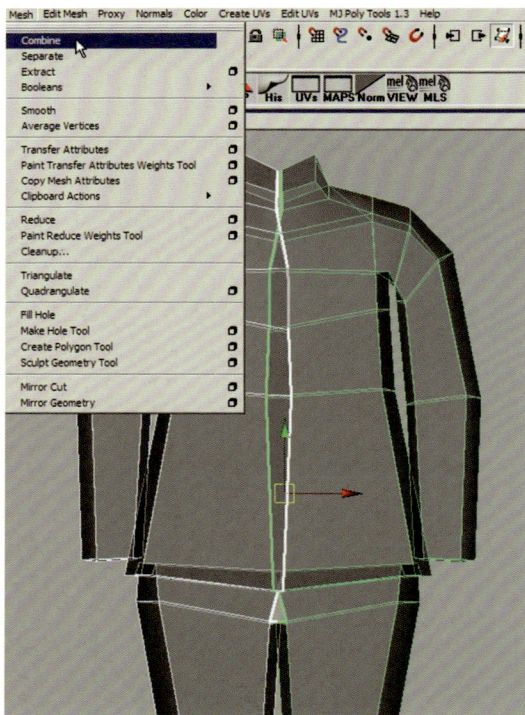

将两部分结合起来，这样你就可以合并顶点。

选择中间顶点，并为侧轴使用Scale（缩放）操纵器（在这种情况下为X轴）。

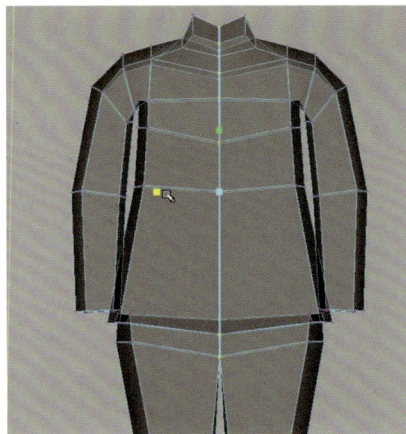

这样在垂直方向上保持平衡，把顶点设置在彼此相同的空间位置上。

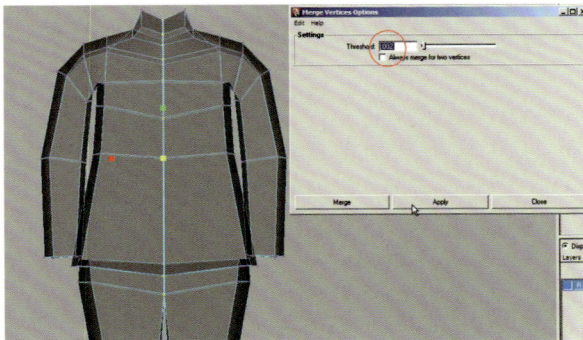

现在，进行合并，将其设置得低一些，比如0.002。

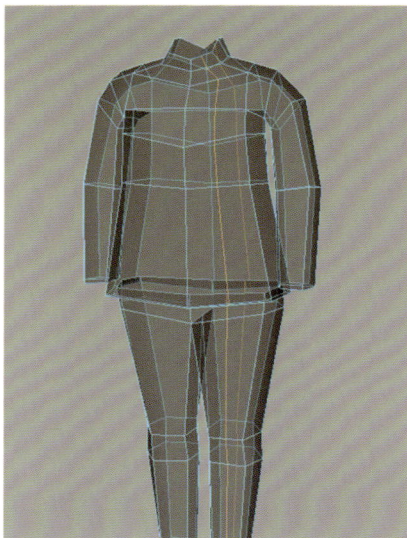

已经粗略地做出大体形状，但为了更明确地界定，我现在想要再次分割腿和胸部。

犹如我们在飞行员胸像课程中学到的，为颈腔做同样的向内挤压步骤。

袖子也用同样的方式处理。

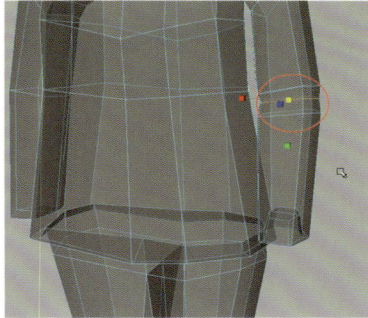

正如我们做手指时的步骤，现在需要为肘部和膝盖在一个扇形上再添加两次的边缘循环分割。

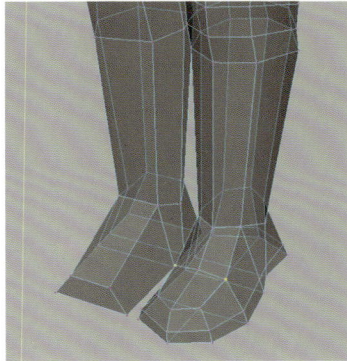

需要花些时间重新塑造脚部。这可能是个挑战，因此要有耐心。

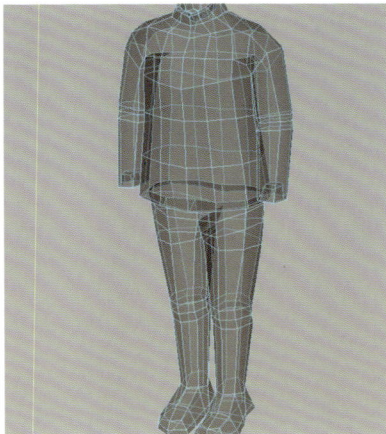

犹如我们在飞行员胸像课程中学到的，为颈腔做同样的向内挤压步骤。

为了数字雕刻，最好是把整个模型保持相同的网格密度。如果你不这样做，那么有较大面的部分将不会像其他高密度部分那样精细雕刻。为了避免这种结果，我只是在显示的几个部分边缘循环分割，以平衡拓扑结构。

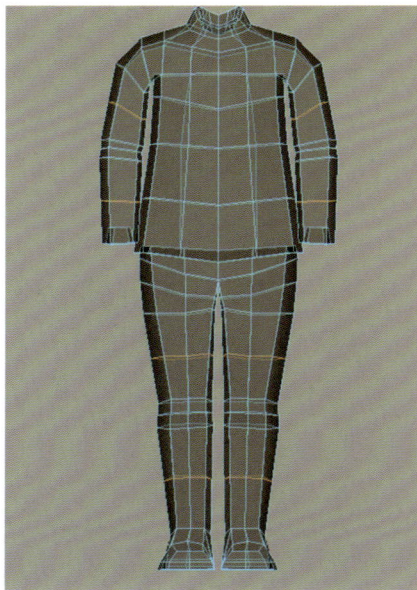

步骤3：导出正确的.OBJ文件

准备正确地导出网格

1. Delete History（删除历史）：总是删除所有历史，以删除任何不必要的节点：

- Edit > Delete All By Type > History（编辑 > 按类型删除所有 > 历史）。

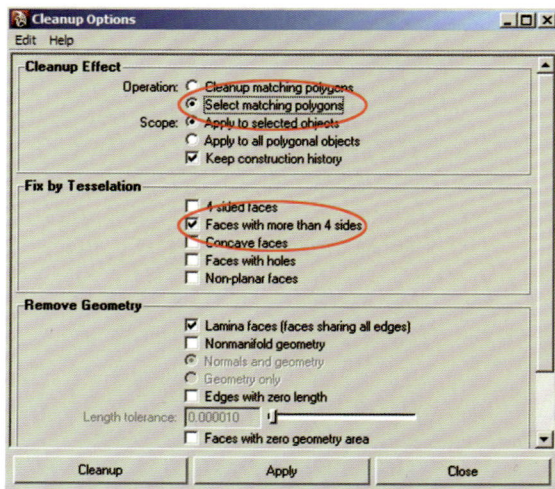

2．检查表面是否为四边形：

- Mesh > Cleanup > Faces with more than 4 sides（网格 > 清理 > 4边的面）。

3．你布置了UV吗，它们是否重叠？

- 如果你有共享相同空间的UV，法线贴图将无法正常工作。

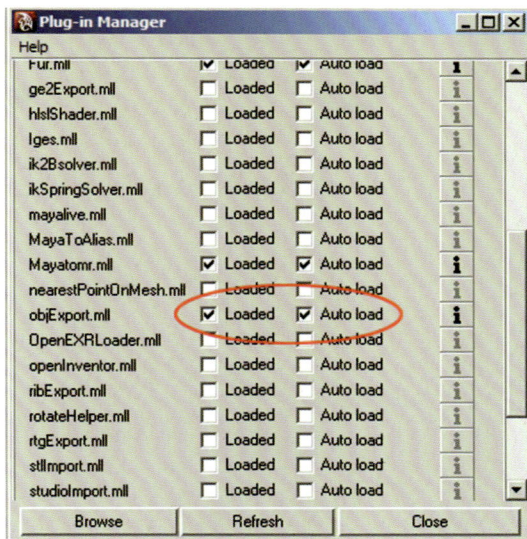

4．你的.OBJ启动了插件管理器吗？

- Window > Setting/Preferences > Plug-in Manager（窗口 > 设置/参数 > 插件管理器）。

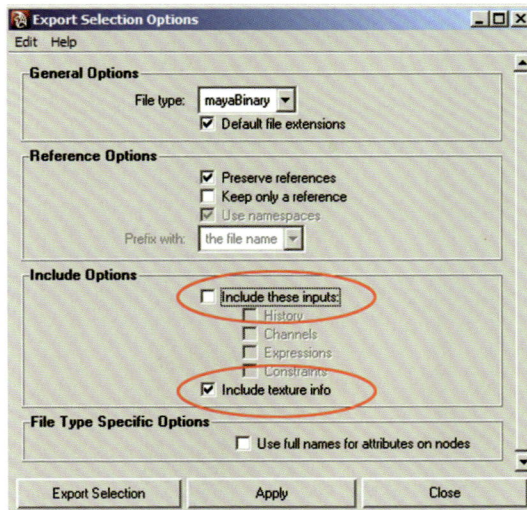

5．你的.OBJ的导出设置是否调整正确？

- 确定Include these Inputs（包含这些输入信息）没有被勾选，这是你不需要的信息。
- 但要确定Include texture info（包含纹理信息）被选中，这是你需要的。

步骤4：导入Mudbox

轮到Mudbox上场

导入、雕刻和导出模型。

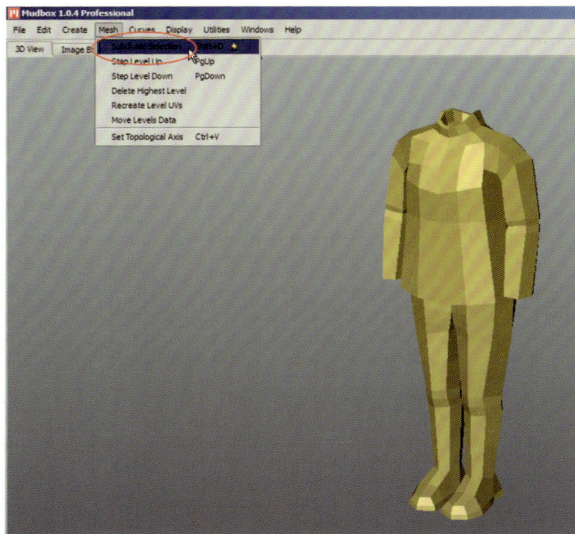

- 打开Mudbox。
- File > Impor（文件 > 导入）。找到你的soldierBody.obj文件。
- 在Object List（对象列表）中选择网格对象使其高亮显示。
- Mesh > Subdivide Selection（网格 > 细分选择）（重复三次）。

在 Active Level 4 （激活4次细分级）检查你的网格，看是否出现异常的折皱、破洞等现象。

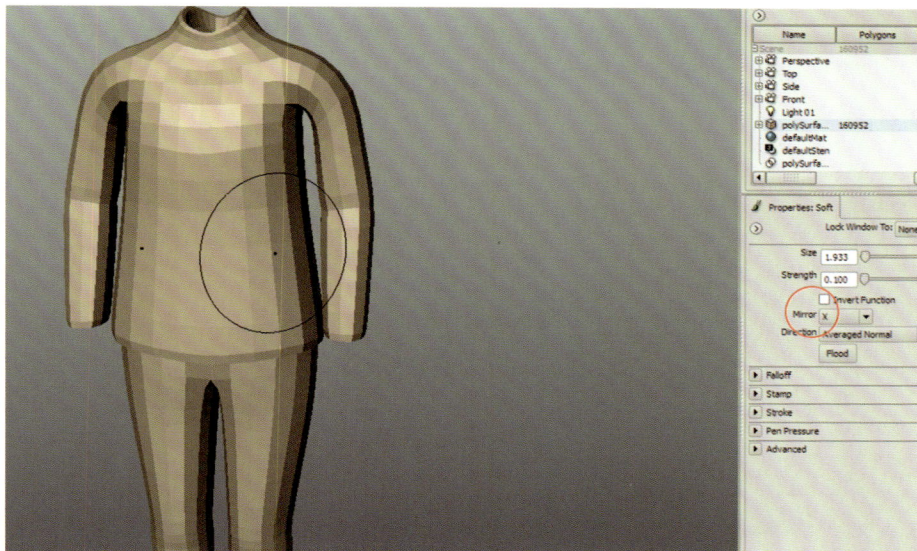

- 如果一切正常，便逐步减低细分层级到Active Level 1（激活1次层级）。
- 选择软笔刷。
- 设置Strength（强度）为0.100。
- 按B键可以轻松改变笔刷的尺寸，同时拖动鼠标，就像在Maya中的操作。
- 两侧同时雕刻（推荐），检查Mirror为"X"。

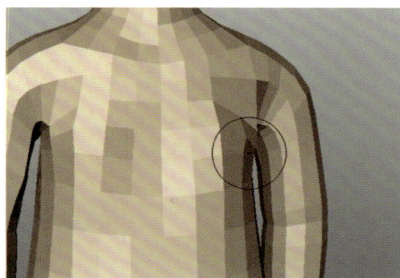

如果笔刷不能进行你想要的细节或折皱，你可以移动顶点。对于腋下区域，我希望有一个明确的、封闭的网格。

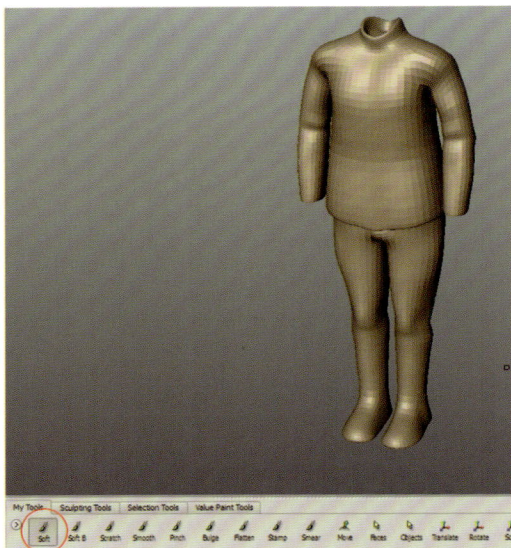

- 准备就绪后，通过Mesh > Step Level Up（网格 >逐步增加层级）对网格增加一个层级。
- 按住Ctrl键可切换工具。你可以对网格表面迅速完成从推到拉的切换。

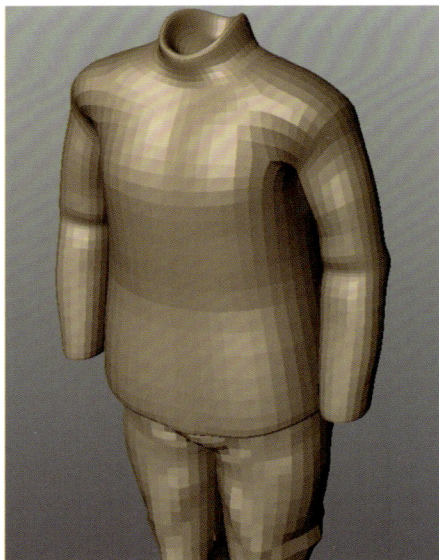

　　不久你会看到出现的细节。Mudbox简单易行，乐趣多多。这时不要添加太多的细节；在这个过程中，你的目标就是平滑几何体比如靴子、胸部、上衣的褶皱等。

靴子得花些时间；它们比较棘手，因为靴子原型上的多边形计数较低，但是现在尽可能做得详细一些。

步骤5：回到 Maya

一旦你的调整完成，就可以考虑将模型返回Maya。请遵照下列步骤：

* 在Object List（对象列表）中选择网格对象使其高亮显示。
* 减少网格密度。Mesh > Step Down Level to Level 1（网格 > 层级逐渐下降至1层）（约2260面）。
* File > Export Selected（文件 > 导出所选对象）。
* 另存为.OBJ文件。
* 保存.mud文件，以防万一。

你可以在Maya打开一个新的场景导入你的网格或简单地导入到以前的文件中。如果使用以前的文件，我建议把以前所有的工作放在一个图层，并关闭所有的可见性。

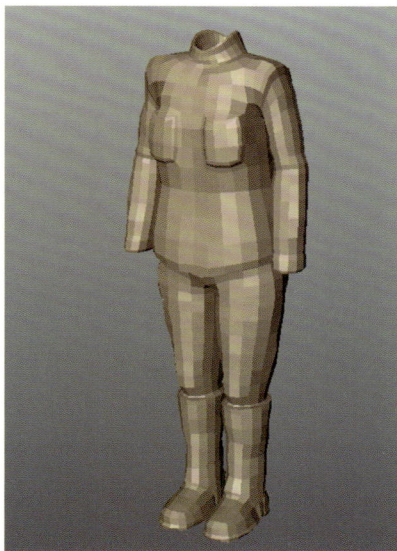

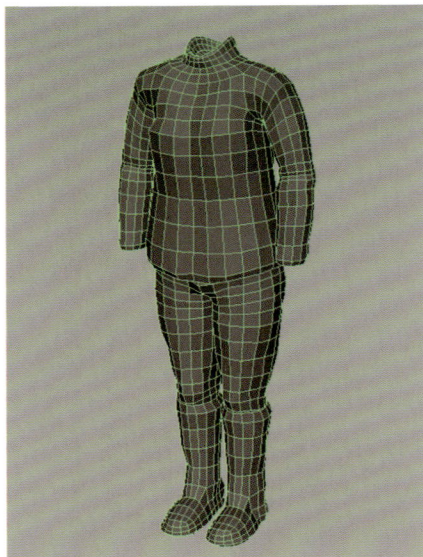

新的网格以略高的多边形数量导回Maya（1890个顶点）。

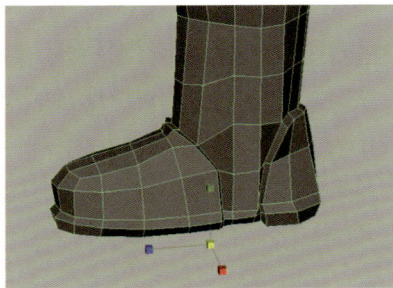

现在我们有更多的几何体需要进行细节处理就像做靴子那样。

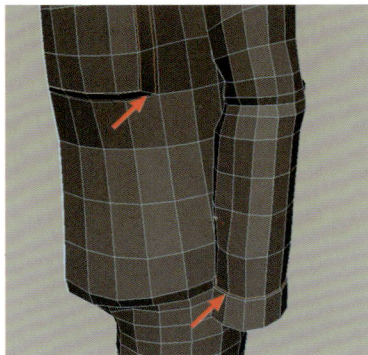

　　在你希望边缘保持清晰的地方，添加边缘循环分割。我对袖口添加了一次，上衣口袋添加了两次。

在花了几分钟时间修改网格后，我打算重新进入Mudbox，雕刻最后的细节。不过，我决定在最后的刻画中对角色人物摆姿态。

为角色选择动画还是雕刻？

如果你打算在将来的某个时刻使你的角色有生气，那么让其保持一个轻松的站姿是必要的。但是如果你仅仅为好玩创建一个一次性的塑像，或为了一个展示转盘，那么你在花时间雕刻之前，得做一个简单的骨骼，并且绑定它，还要对你的人物网格摆姿势。这样，就可以雕刻更多独一无二的微妙之处，而不是寻常的X-镜像细节。

我决定用一个富有生气的动态来塑造这个角色，所以要对他的衣服和动作加入更细致的雕琢。不要担心UV布局或纹理贴图，因为在下一章中将介绍独特的解决方法，如何把一个网格的UV和纹理转移到另一个网格上。

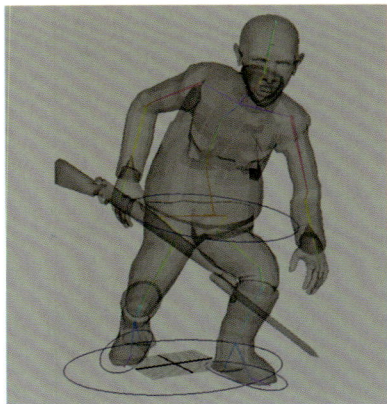

给角色摆姿势

　　我制作了一个简单的骨骼系统，光滑绑定网格，并摆好姿态。虽然受本书范围的制约，没有机会给大家演示此过程，但我也只是用了基本的骨骼系统而已。

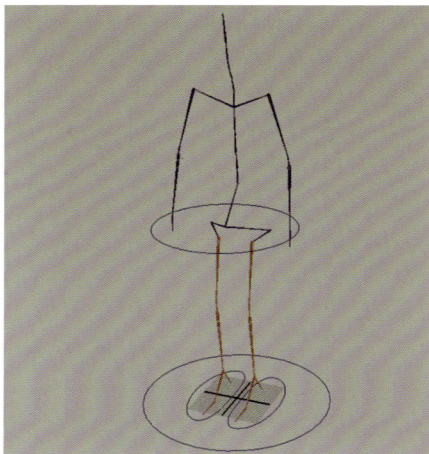

　　如果你想尝试一下，我已经将这个骨骼系统放在场景文件夹中。以下是基本步骤：

- 选择骨骼系统的ROOT关节（腰部关节）。
- 按住Shift，同时选择该网格（如果连接着头部和双手，也一并选择）。

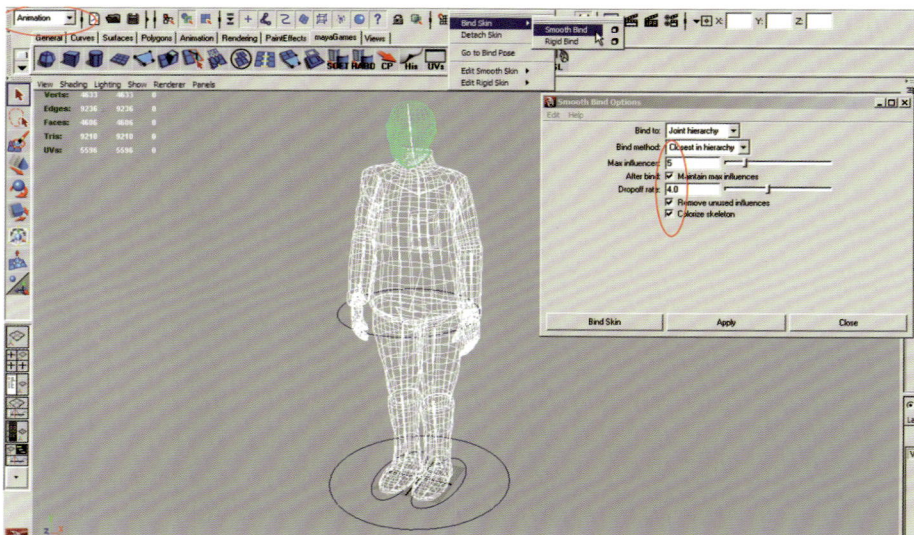

- 切换到Animation（动画）模式。
- 进入Skin > Bind Skin > Options（蒙皮 > 绑定蒙皮 > 选项）。

  默认的设置将正常工作。

- 选择Bind Skin（绑定蒙皮）。

为导出做最后的准备

- 删除所有历史记录。
- 分别选择并导出每个网格。

  在Ch10_SoldierBody/Pose文件夹中，专门为你建立了这个独特的姿态．OBJ导出文件，以便在Mudbox中进行试验。

结束语

　　Mudbox是一个伟大的应用程序。它花费了大量时间来研发工具和设置。我建议不要把焦点放在创作杰作本身。而是使用简单的初级形状，凭借这些工具最大限度地施展你的技能。当你能够将Mudbox应用娴熟，便可以自如往返于Maya和Mudbox的工作流程中。很快你就能成为一位建模高手！

▓ 技术1：恰当的UV布局

完美的展开

世上没有可以完成伟大UV布局的魔法按钮。事实上，从来没有一个"完美"的UV布局，但是你需要尽可能地保持干净和有条理。没有一个干净的UV集，你便不可能创造出最佳的纹理。下面的示例可以帮助你正确理解UV布局。

展开双翼飞机驾驶舱

双翼飞机驾驶舱有一个值得思考的有趣形状。例如，整体形状如同你面对一个展开的人物躯干或机器人那样复杂。让我陪你度过这个过程，实现迅速有效的布局。

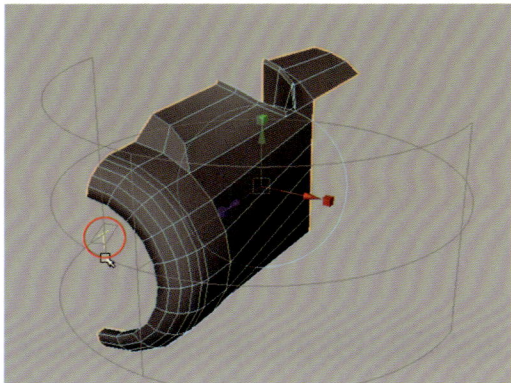

设置UV集

我们为这个部分使用一张圆柱形贴图。它比平面贴图投射布局会产生更好的效果。

- Create UV > Cylindrical Mapping（创建UV > 圆柱形映射）。
- 选择显示中的红色"T"形，开始操作浅蓝色圆圈。

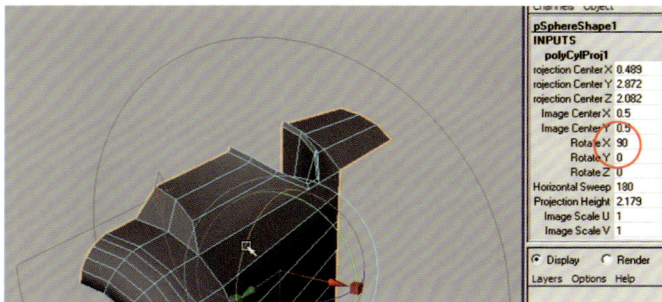

- 选择此圈，开始旋转操作。
- 在X轴，旋转90°。

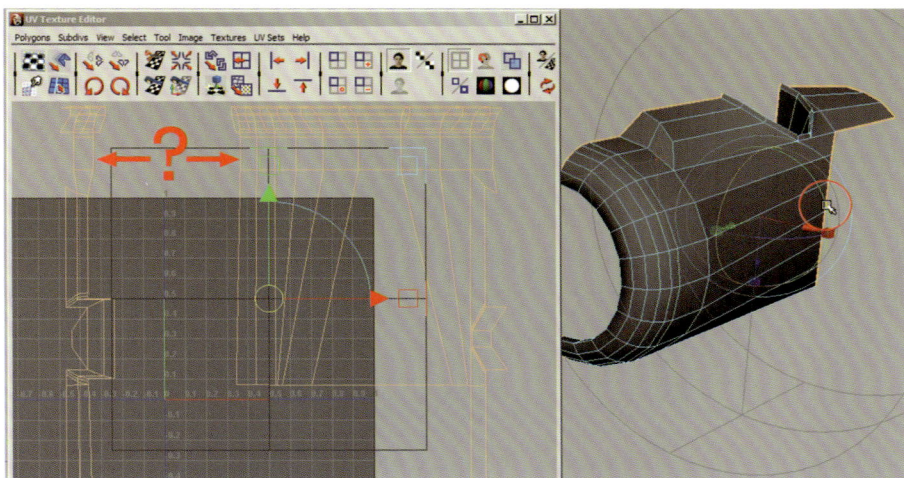

打开UV编辑器，看到刚才做的真是杂乱无章！

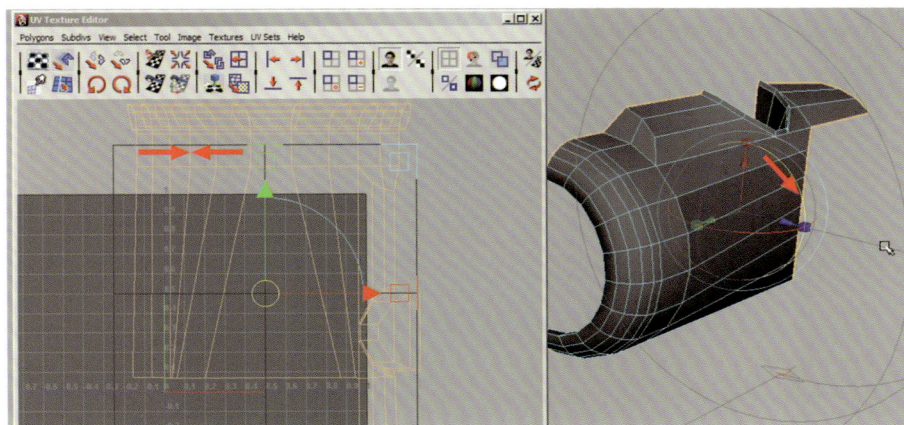

- 旋转Z轴到90°。这很大地改善了UV的整洁度。

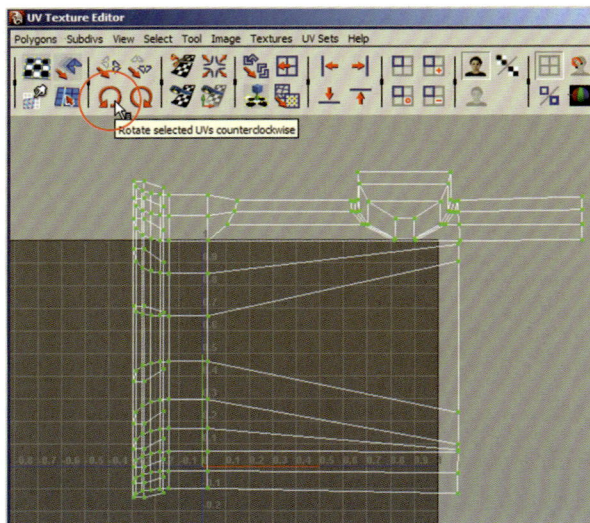

- 选择所有UV，逆时针方向旋转两次壳。

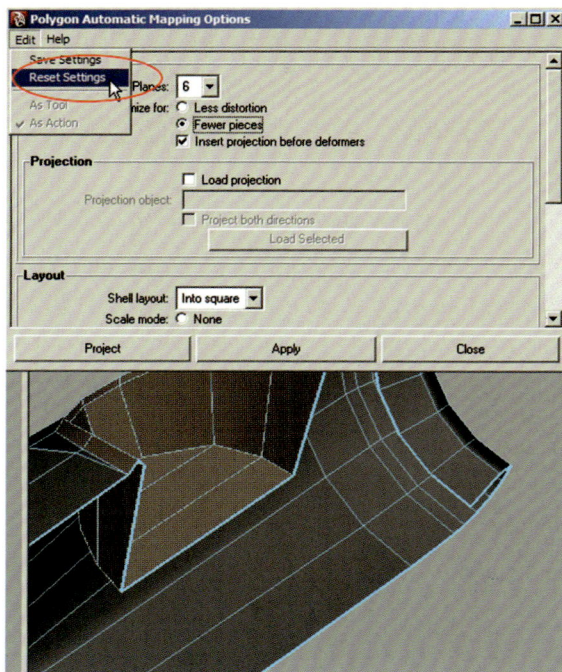

- 选择座位和边沿的面，并应用Automatic Mapping（自动映射）。
- 用重置功能确定目前使用的是默认设置。

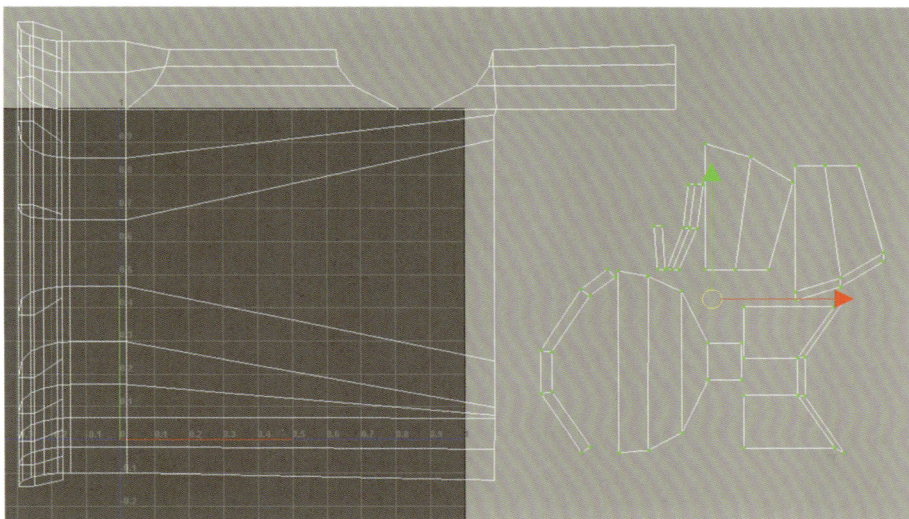

- 将座位和边沿的UV壳移至一边，便于以后清理。

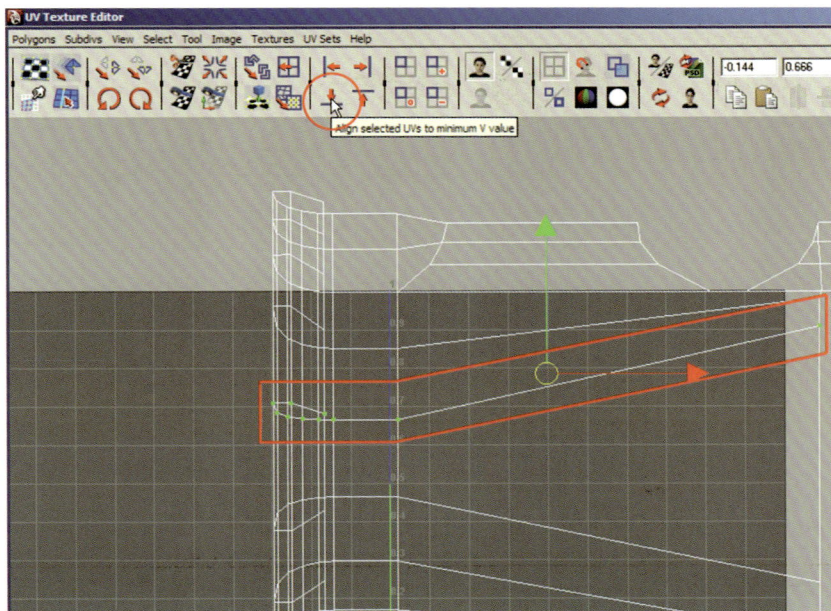

清理主要的壳

- 选择一行UV，并应用Align selected（对齐所选）工具。

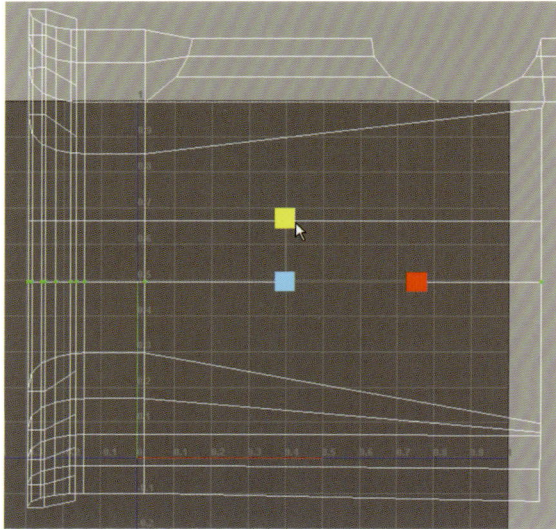

- 另一个平整UV的方式是：运用我们在建模时的同一缩放技巧。

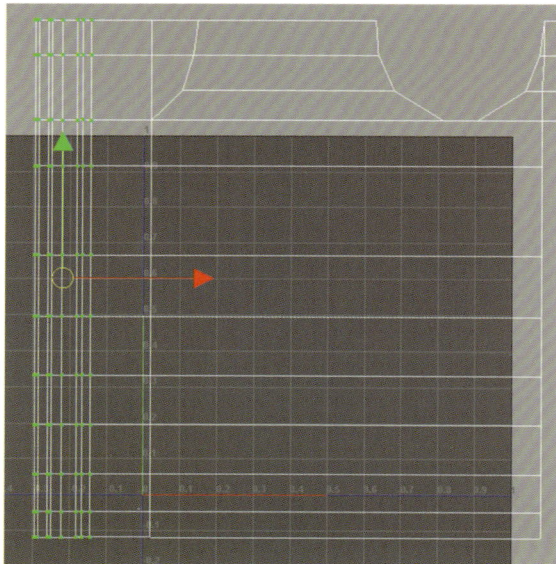

- 一旦水平线被调直，我们可以从罩内拉出边缘。

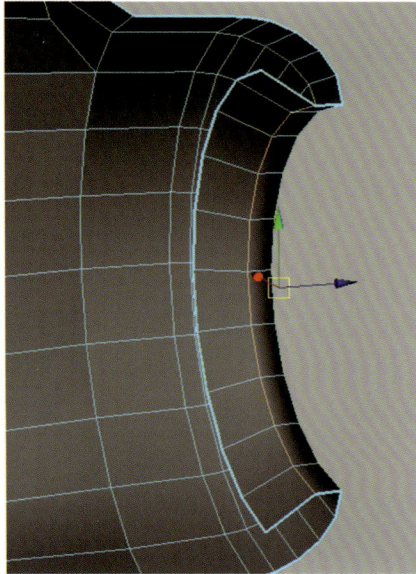

- 选择这些UV的简单方法是选择内侧的边缘循环。
- 选择Edge Loop（边缘循环）工具。
- 双击边缘选择循环。

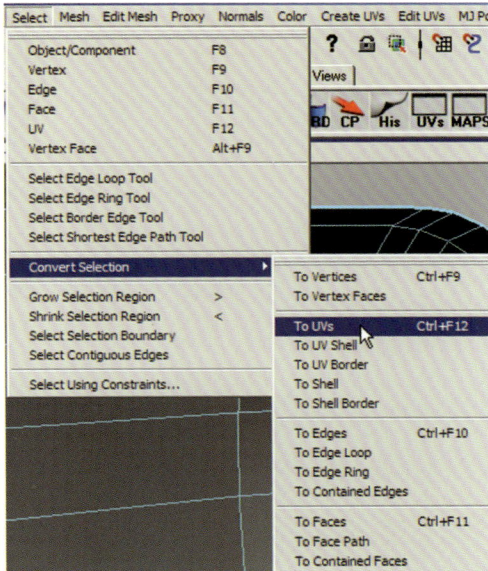

- 转换选择，再到UV。
- Select > Convert Selection > To UV（选择 > 转换选择 > 到UV）。

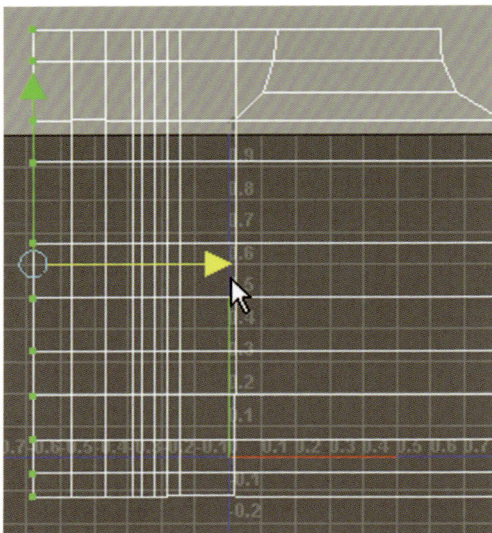

- 在UV编辑器将选择物移动到左边。
- 取消选择内部的UV行并继续移动到左边，本质上即"打开"UV壳。

这是完成的、干净的UV壳。现在将目光转移到驾驶舱座位。

- 选择座位的面，并且运用Create UV > Automatic Mapping Projection > Default settings（创建UV > 自动映射 > 默认设置）。

将驾驶舱座位UV缝合为一个壳。

- 选择一些适宜的边缘，用Move and Sew Tool（移动并缝合工具）。

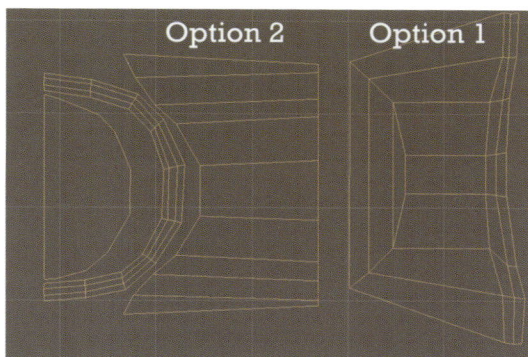

关于这个UV壳的布局你有两个选择。我决定选择2，它是对1进行基本清理展开后做的。由于它是一个大部分都被飞行员遮住的对象，所以完全展开UVs是没有必要的。

应用棋盘格贴图检查UV布局的质量是个好主意。

Dirt/Grunge map（脏蚀贴图/肮脏贴图）也可以从一张细致的凹凸贴图中创建出来。这是绘制3D纹理贴图的最长过程，但也是最重要的，作为一张优秀的绘制贴图，它会使你的模型无限增色，特别是在游戏中渲染。

技术4：创建一张无缝的纹理贴图

无缝纹理贴图的重要性

无缝纹理在游戏的许多情况中使用：墙壁、阵地、屋顶等等。例如：创建一个小正方形的贴图，为512×512。通过制作无缝贴图，你可以多次重复纹理，而不用显示任何明显的接缝或重复模式。

毫不费力地创建一张无缝贴图：

- 确定贴图是合适的尺寸(256×256，512×512等等)。
- 在Photoshop，进入Filter > Other > Offset（滤镜 > 其他 > 偏移）。

- 对贴图宽度设置Horizontal（水平）值{1/2}，此状态为256。
- 对贴图高度贴图设置Vertical（垂直）值{1/2}，也是256。
- 确定选择Wrap Around（折回）。

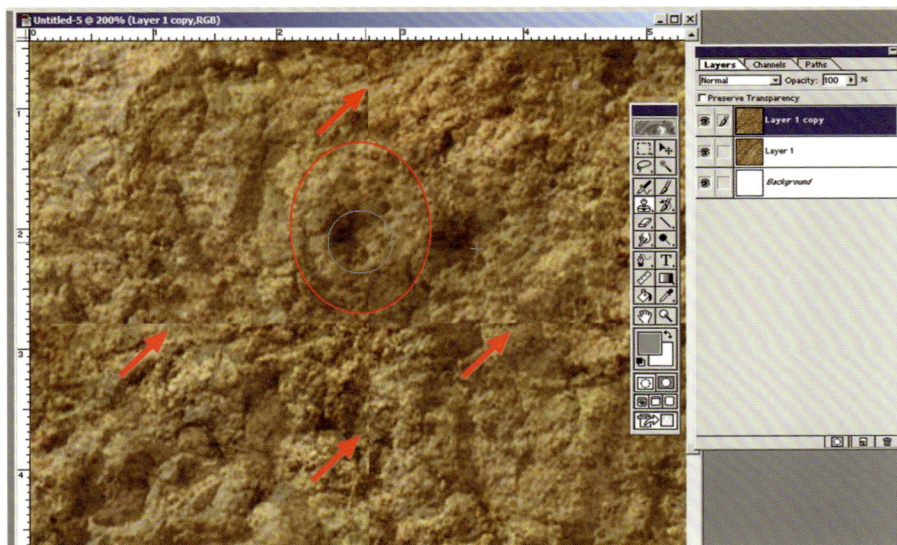

- 使用Stamp（图章）工具复制远离中间缝的一个部分并开始在缝上绘制。
- 在这个过程去除了整个边缘缝。
- 再次重复Offset Filter（偏移滤镜），保存此贴图。

技术5：创建凹凸、法线和高光贴图

塑造真实感不只是需要颜色贴图

添加一个小小凹凸贴图可以使你的模型获得更多的真实感。法线贴图也易于从凹凸贴图中产生。

在Photoshop中使用便捷方法便会生成凹凸、法线、置换和高光贴图的一系列简单技术。

例子：石墙

证据在渲染中

我可能会不停地在方法和设置间忙碌。你不禁要问，每张贴图为什么是不同的？这个例子会给我们一个完美的说明，并且只有通过不同设置的试验我们才能取得最佳结果。

只用Color Map（颜色贴图）渲染。

使用Bump和Color Map（凹凸和颜色贴图）渲染。

使用Normal和Color Map（法线和颜色贴图）渲染。

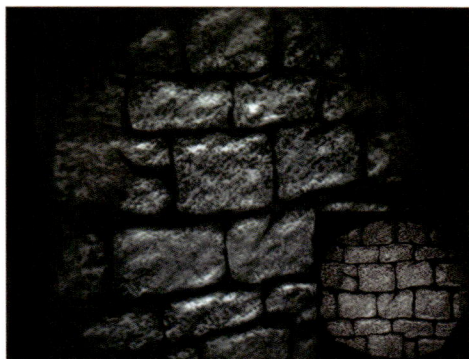

使用Specular和Color Map（高光和颜色贴图）渲染。

使用Normal、Displacement、Secular和Color Map（法线、置换、高光和颜色贴图）渲染。

313

从颜色贴图开始

大多数3D艺术家在首先创建颜色贴图以后再生成其他的贴图。虽然我全力推荐首先创造凹凸贴图，但是我想为你展示从颜色贴图创建其他贴图所取得的巨大成效。

为了达到"黏土动画"的风格，我做了一个实验。我用Sculpey（黏土）工具雕刻了一面砖垒城墙，经过绘制和拍摄，将其作为纹理贴图运用。现在我要为你展示能创造出伟大成果的窍门和方法。当然，你不需要使用雕刻，这个技术将产生与任何照片或图像近似的效果。

从一个颜色贴图创建凹凸贴图

创建凹凸贴图比较棘手。在许多情况下不能简单地使用灰度颜色贴图并且把它作为凹凸贴图，意识到这点是非常重要的。在本例中，你要平均深度值和亮度值。如果你有一块颜色较暗的石头，那么它将产生一块较低亮度值的石头，这并不符合你想要的结果。

- 在Photoshop中改变图像，从RGB颜色改到灰度。
- 如果要求平整图像，这便是正确的。
- 运用一点Blur > Gaussian Blur（模糊 > 高斯模糊）去除粗糙的边缘。
- 变亮或变暗取决于你想要的亮度值。

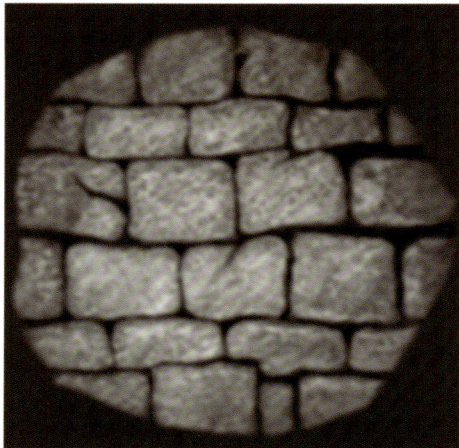

从凹凸贴图创建一个法线贴图

法线贴图可以通过几种方式产生。一种方式是从诸如 Mudbox 的应用程序中渲染一个法线贴图。另一种方法是通过使用Maya的Transfer Maps（转移贴图），将高精多边形雕刻的细节贴图转移到一个低级多边形网格 (参见技术9)。

最后的可能也是最简单的技术便是在Photoshop中使用NVIDIA Normal Map Filter（NVIDIA法线贴图滤镜）插件。该设置可能比较复杂，但你稍微调整一下便会取得好结果。

使用你新创建的凹凸贴图，并把它转换回RGB。因为NVIDIA滤镜不能对灰度颜色工作。

- Filter > NVIDIA Tools > Normal Map Filter（滤镜 > NVIDIA工具 > 法线贴图滤镜）

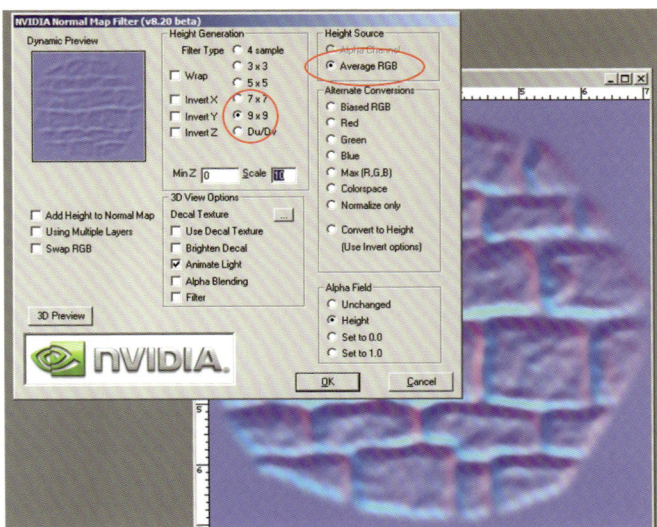

315

- 根据你的需要（选择较锋利或较光滑的细节），设置滤镜类型值。对于这个岩石，我希望有更加柔和的细节，因此设置为9×9会比较恰当。

  你也有两个选择，它们会使Height Source（高光源）合理的运作：

- 选择Average RGB（平均RGB）或者 Biased RGB（偏移RGB）。
- 试验两者，比较结果。

从颜色贴图创建一个高光贴图

一个高光贴图有助于控制光亮。黑色无光，白色发光。显然，一个生锈的管子是不会完全地发光。如果你使生锈的部分晦暗模糊，再加上一些不生锈的金属光泽，那么生锈的部分看起来更加逼真。

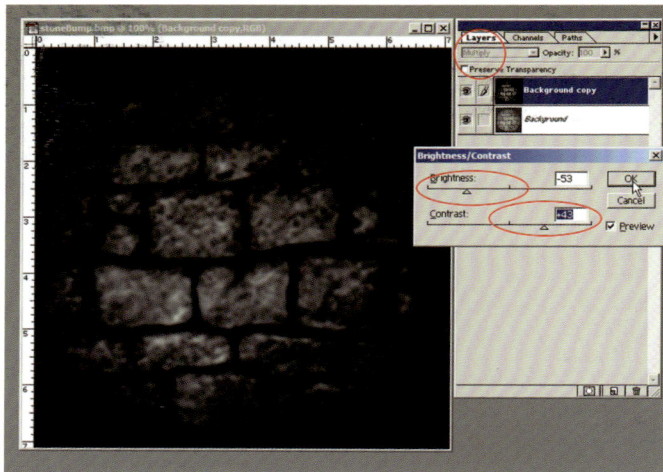

- 一个快捷的方法是灰度颜色贴图，然后复制在Photoshop的图层。
- 使用Multiply（正片叠底）滤镜。
- 如果需要，调整Brightness/Contrast（明度或对比度）选项降低亮光。

技术6： 烘焙环境闭塞贴图

快捷的阴影细节

在Mental Ray渲染器中迅速的光线烘焙会极大地提高你的纹理贴图。阴影往往趋于微弱，特别是在游戏的研发中。大部分游戏对象看起来会虚假，因为照明必须来自多角度，并且众多光源不可能在一个水平线上，特别是在FPS (第一人称射击)游戏中。所以对纹理进行一些对比（除了手绘结果的影响），以此来模拟阴影可以把你的模型推向次世代。 这是一个简单而快捷的设置。

为达到平衡的光线，我导入了一个简单的Fake Global Illumination（模拟全局照明）光线设定。我为你保存了这个设定，在场景文件夹中（GI_Lighting.ma）。

- 根据你需要的细节程度来应用Gray或White的一个基本的Lambert。

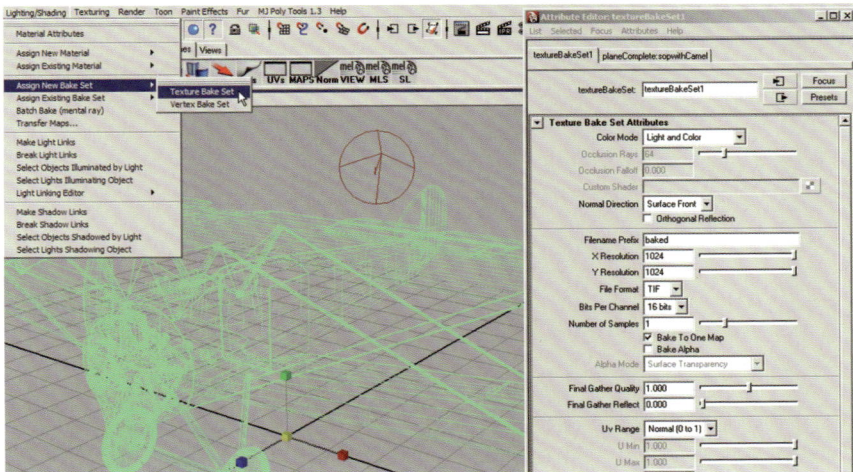

- 选择对象。
- 进入Render（渲染）模式，选择Lighting/Shading > Assign New Bake Set > Texture Bake Set（灯光/阴影 > 指定新的烘焙组 > 纹理烘焙组）。
- 设置File Name（文件名）。

> **注释：** 此渲染将保存到"project"文件夹，确保工程目录的文件路径设置正确。

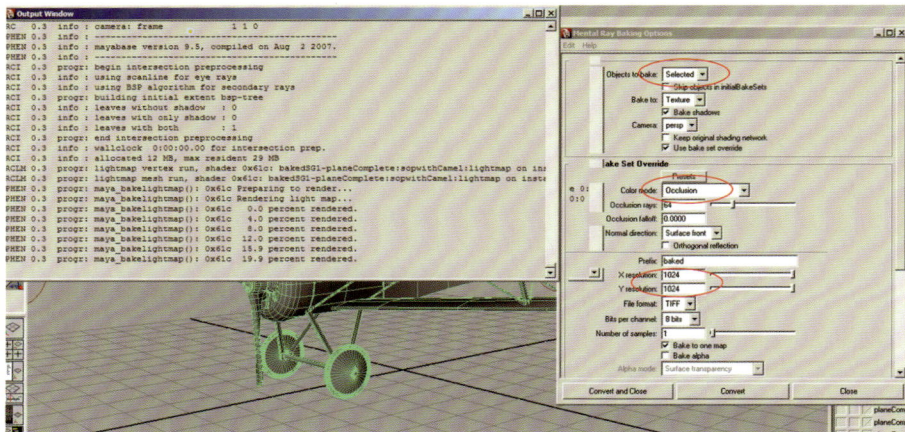

- 选择Lighting/Shading > Batch Bake (mental ray) > Options（灯光/阴影 > 批烘焙(mental ray) > 选项）。
- Objects to Bake（烘焙物体）：Selected（选中）。
- Bake to（烘焙到）：Texture（纹理）。
- 核查是否选中：Use bake set override（使用烘烤组无效）。
- 在Color Mode（颜色模式）设定Occlusion（闭塞）。
- 设置贴图所需渲染的大小和格式。
- 选择Convert and Close（转换并关闭）。

Maya的Output（输出）窗口将显示渲染进展。你的贴图结果将在renderData/lightMap文件夹中，而不是源图像文件夹。

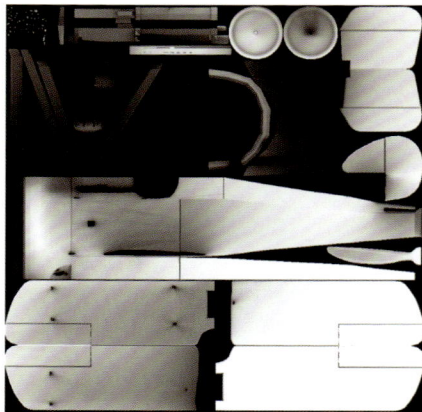

生成的闭塞会烘焙成一张有灯光和阴影的灰度贴图。然后，你可以在Base Color（基色）贴图上运用Overlay（覆盖）或Soft Light（柔光）滤镜以此添加模型纹理的深度。

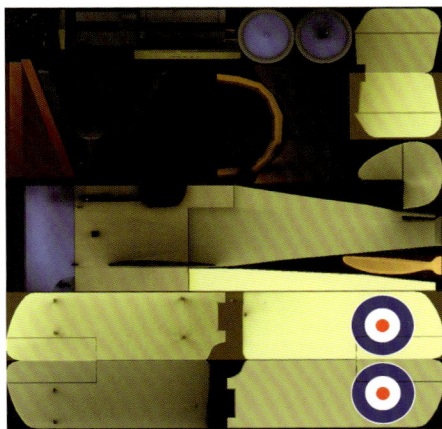

这是两个贴图合并的结果。

技术7：使用 CrazyBump 进行贴图创作

CrazyBump 使贴图创作变得容易

这个看上去似乎很简单的应用程序给我留下了深刻印象，所以在此值得一提。在它的测试版调整之后，我与Ryan Clark取得了联系，他是CrazyBump的创始人。在此，我并不是要展示如何使用他的工具，而是直接找到了软件的源头并且要求他为我们展示。

在本书的DVD里：Ryan非常慷慨，不但提供了CrazyBump的限用版，而且允许我将其放入随书附赠的DVD中。因此，请大胆地安装并且享用吧!

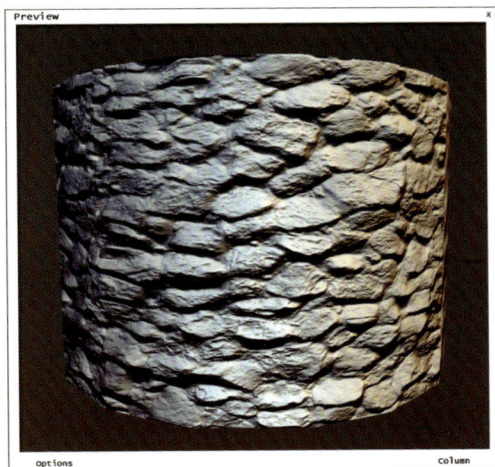

用 CrazyBump 提取贴图

这是一次简单的示范：如何快捷地创建颜色、凹凸、高光和最重要的法线贴图。图例展示的是使用CrazyBump快速生成的贴图结果。几家重要的游戏工作室目前也正在使用此软件。现在我向你介绍：如何有效地使用它。

我们以基于照片的岩石纹理开始，建造一面墙壁。

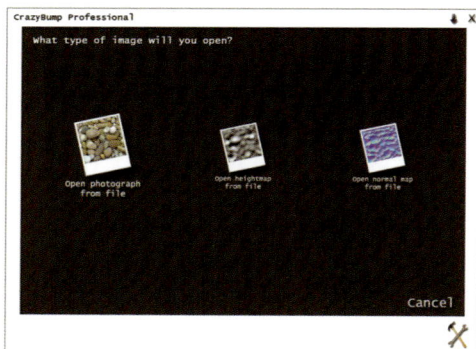

步骤1：点击"Open Photo from file"（从文件打开照片）按钮，并且打开了这张石墙照片。

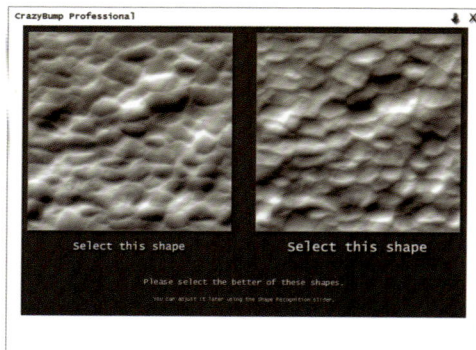

步骤2：CrazyBump要求我选择两个基本的3D图形，两者都由图像识别生成。我选择了右图，因为它看上去更好。

步骤3：调整CrazyBump的法线贴图设置。因为这个石墙要求锐边，所以我将"large detail"和"very large detail"设置到零。较多细节设置会产生平滑边缘。为了达到粗糙表面，我也将"fine detail"（精化细节）提高到99。

步骤4：调整高光贴图。在这种情况下默认设置看起来不错。我只是提高了对比度。

技术8：转移UV集

转移一个UV集

在你花费时间仔细展开网格之前，请在Mudbox里雕刻你的网格。(不要拒绝它，我们一起做!) 事实上，你目前的Mudbox雕刻水平比想象的要好。现在怎么办?不要担心,我有一个很酷的解决办法。尽管它也有一些具体细节,但运作可谓完美无缺。

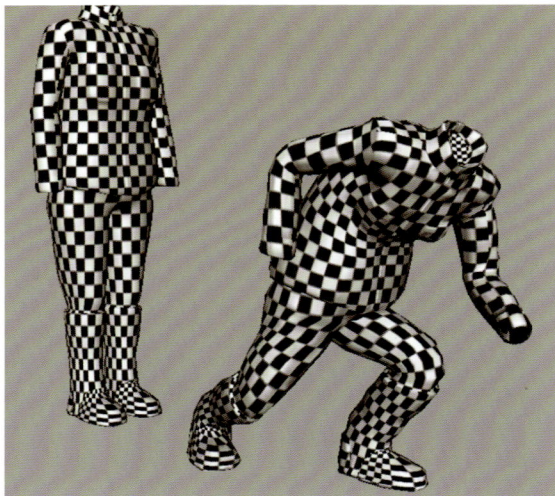

　　使用Maya的Transfer Attributes(转移属性),我们可以将一个干净的UV集转移到一个相同多边形计数网格。

　　第一步不太容易。

- 你需要适当地展开这个网格,但是在它被变形或被雕刻之前,你要在低多边形网格对象上展开它。

- 将两个网格放入一个场景中。确定两个网格在多边形计数上是相同的，否则该技术无法施展。
- 选择第一个干净的UV源网格，然后按Shift加选第二个目标网格。
- Mesh > Transfer Attributes > Options（网格 > 转移属性 > 选项）。
- 确定UV Sets选中All（所有）。
- Color Sets也是选中All（所有）。
- Attribute Settings（属性设置）：Component（成分）。
- 选择Transfer（转移）。
- 应用一个棋盘格材质贴图，保证干净的UV布局。

技术9： 转移贴图

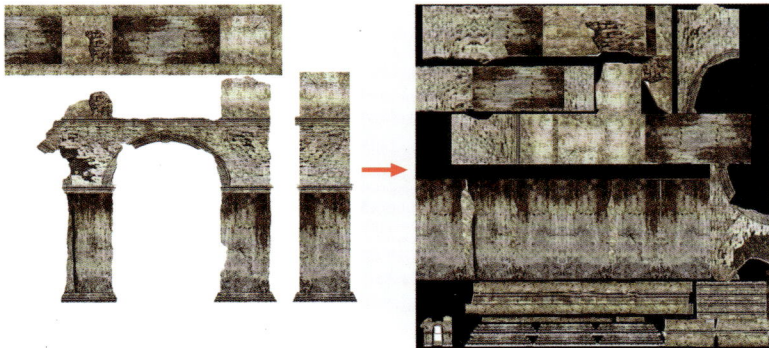

转移贴图的好处

8.0版本为转移贴图提供了新的成套工具，例如颜色和法线贴图可以非常容易地从一个网格转移到另一网格。对于创建纹理贴图，这无疑开创了许多简便有趣的方法。

试想一下，你有一个对象已经被塑造和运用纹理，但由于时间限制，它的UV映射却很糟糕。因为拥有这个技术，你可以迅速将八种颜色应用于不同的面。它看起来确实不错并且也得到了艺术总监的认同，但是现在，为了游戏的使用，它需要适当地清理。接下来，你要复制网格，花些时间有效地布局UVs，将有缺陷网格的贴图转移到一个新的被改进的网格中。现在你有了一张漂亮的颜色贴图，经过修改润色便可以直接进入游戏了。这个技术屡试不爽，它的效率和便捷始终令我震惊。

现在，我们开始对墙体做这些步骤，但是首先注意几个原则：

1. 在游戏中，我们的墙壁只能看到一部分，因此我们不打算在后部的面上浪费太多的纹理空间。
2. 在转移之后，我们进行修改润色并将这魔幻般的纹理应用于贴图。
3. 我们将从颜色贴图中生成优质的法线贴图。

准备好了吗?开始行动!

- 创建新图层，将墙壁网格应用其上。
- 然后创建一个复制网格，并做另一新图层。将新网格用在新图层上。
- 关闭旧网格的图层可见性。
- 现在我们用更高效的方式布局UVs。

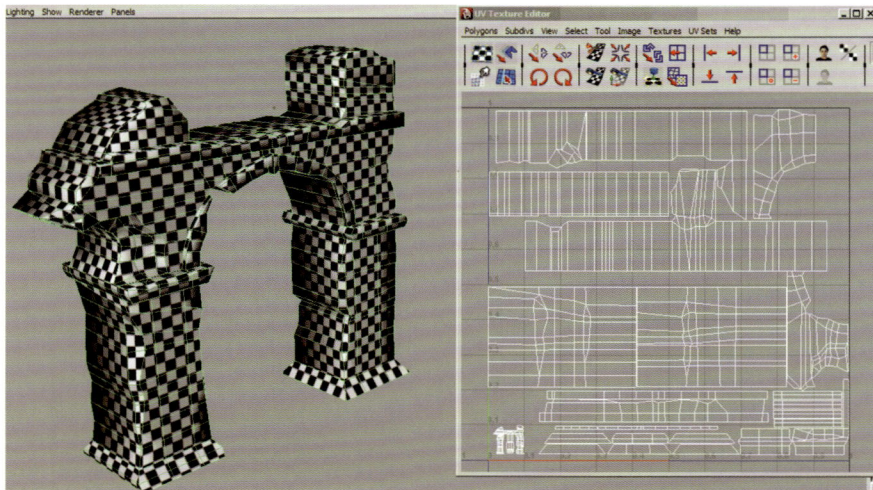

- 选择你的新墙网格。
- 到工作模式下拉菜单式并切换成Rendering（渲染）。
- 选择Lighting/Shading > Transfer Maps（灯光/阴影 > 转移贴图编辑）。
- 目标网格应该是拥有新UV布局的新复制的墙。
- 源网格也应该是覆盖UVs的原始墙。
- 在Output Maps（输出贴图）选择Diffuse（漫反射）颜色贴图。
- 在Diffuse color map点击文件夹，找到源图像目录的路径。
- 确定Connect Output Maps（连接输出贴图）选中的是new shader（新建着色器）。
- 对Maya Common Outputs (Maya公用输出) 设置你需要的贴图尺寸。我强烈推荐作为较高分辨率的1024,但它需要很长的处理时间。你可以做一个较低设置的测试贴图，来确保一切工作正常运行。
- Sampling quality(采样品质)也将改进你的贴图。Medium（中等）是一个好的开始。再者，较高的设置将极大地减速Maya运行并且使内存过于紧张。
- 我发现filter size(滤镜大小)在3.000最佳。
- 选择Bake and Close（烘焙并关闭）。
- Maya不仅要做出新纹理，而且会创建一个新材质，并且把它自动应用于新的墙壁网格。
- 在界面窗口Renderer（渲染器）菜单之下，如果你选择High Quality Rendering（高质量渲染）便能看到结果，甚至看到法线贴图的效果（如果你设置了它们）。不是所有的显卡都能显示Maya的这个选项。

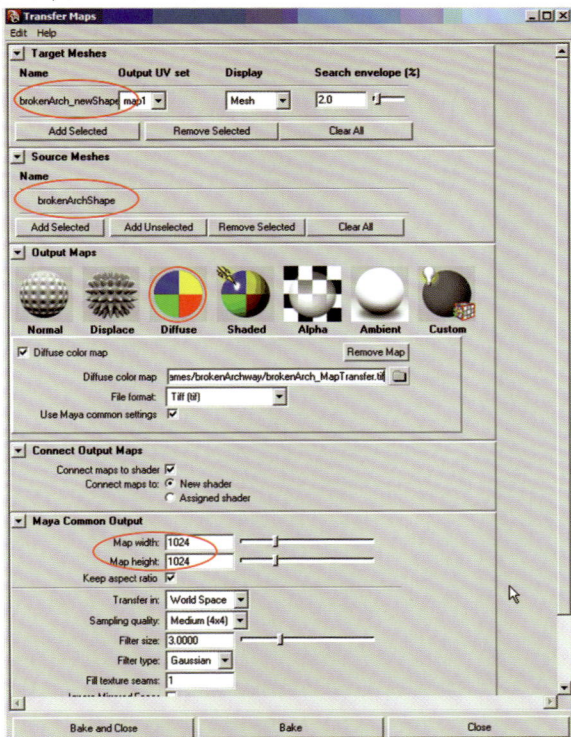

325

成功转移的重要性

- 确定两个网格是否重合。分离图层将帮助你毫不费力地观看和选择每个网格。
- 所有的硬边或软边都将转移到新贴图，特别是涉及法线贴图。

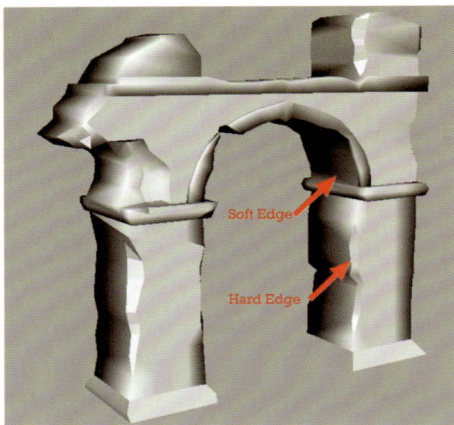

使用简便的原因

在游戏制作中为了一个对象，无论是照片还是概念艺术常常要遵循一定的秩序。艺术部门会花费大量时间做出使艺术总监满意的好看形象。只为创建优质的概念艺术，这是既费时又愚蠢的，因为纹理部门还需要以更多的2D形式再次创造。使用一点常识，艺术部门便可以帮助建模部门达到即将完成的纹理贴图。

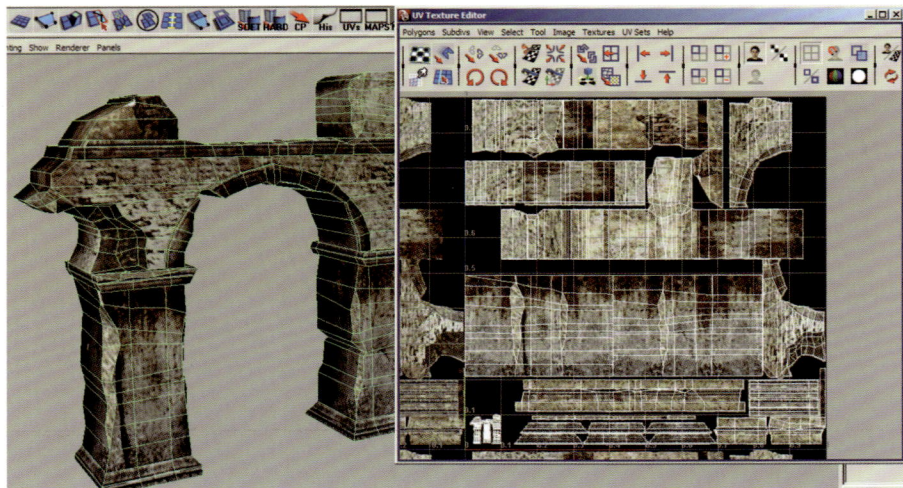

为了使模型完美，现在只需对贴图进行细节设计。

技术10：渲染颜色贴图

易于模拟的真实感

创造令人信服的颜色贴图是根本，但对模型的当务之急是灯光和渲染对象，然后渲染颜色贴图。

双翼飞机的机翼

在这一课，我将展示如何创建一个3D渲染，为机翼的纹理贴图使用覆盖物。你可以用纹理细化一个高精多边形模型，然后为了比较逼真而简单渲染一张快照。

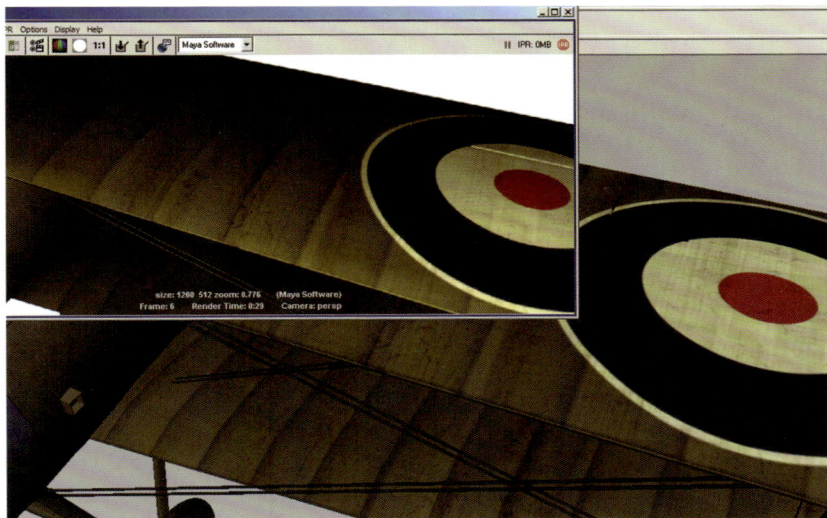

为什么要手绘机翼的骨架？你可以使用真正的几何图形去做这项工作。

- 使用一个方形的网格，因此渲染将是一致的方形贴图。

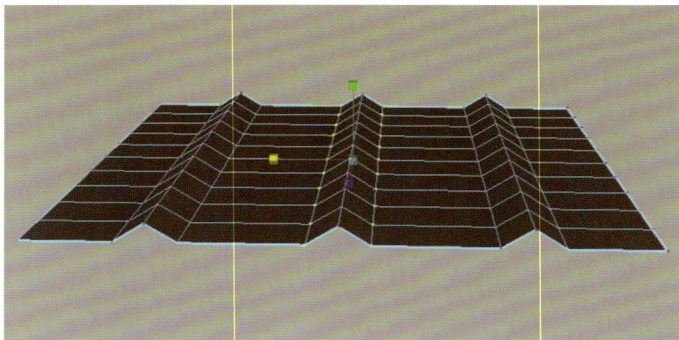

- 如图推进顶点边形成三个斜角。

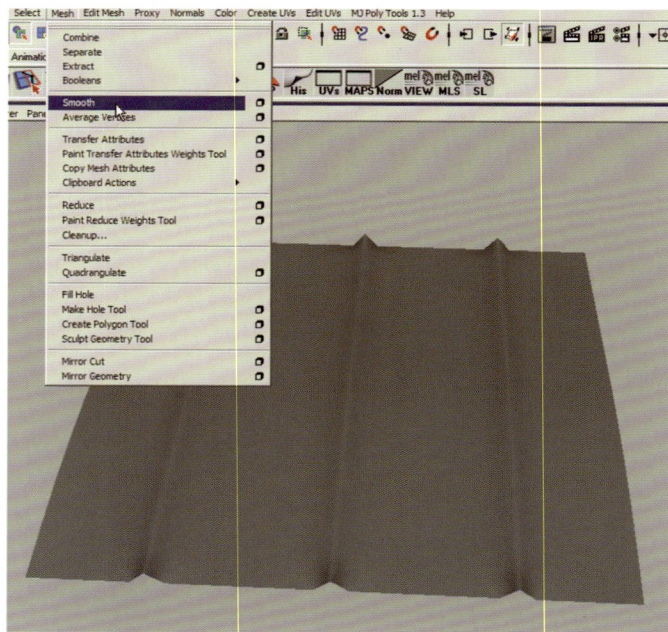

- 调整好之后，你可能希望平滑网格以去除所有轮廓分明的边缘。记住这仅仅是为渲染而作，不会作为模型的组成部分被使用。

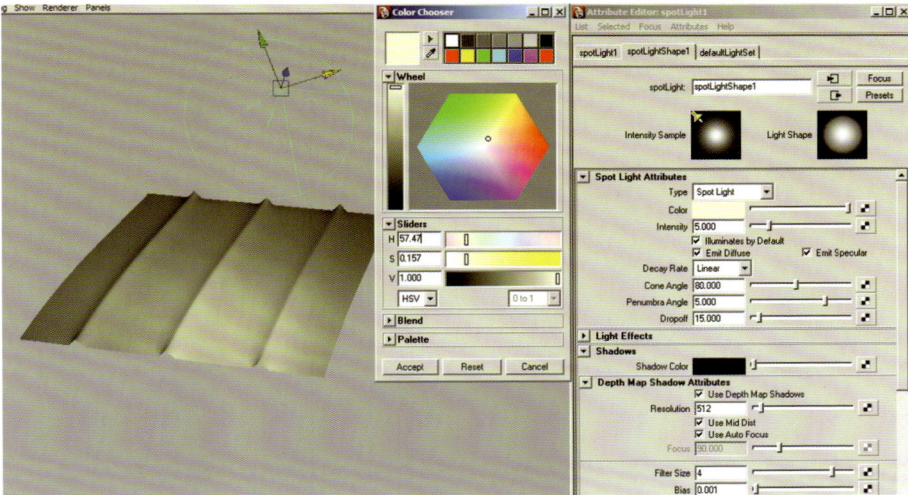

- 需要一个简单的聚光灯投影来增加深度。你也可以使用无投影的三点光源。

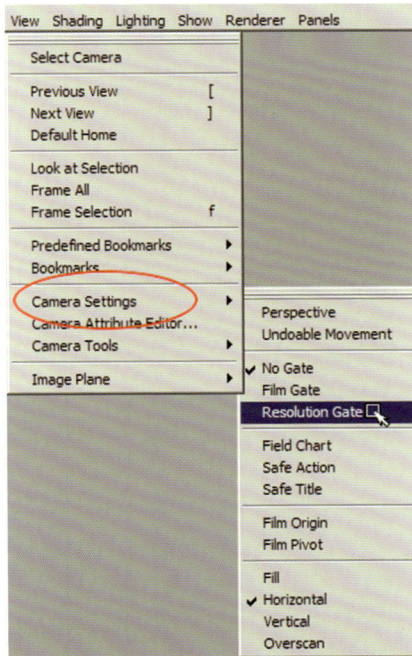

- 在Top View（顶视图）区，打开Camera Settings > Resolution Gate（摄像机设置 > 分辨率取景框）。这将会显示渲染边界。

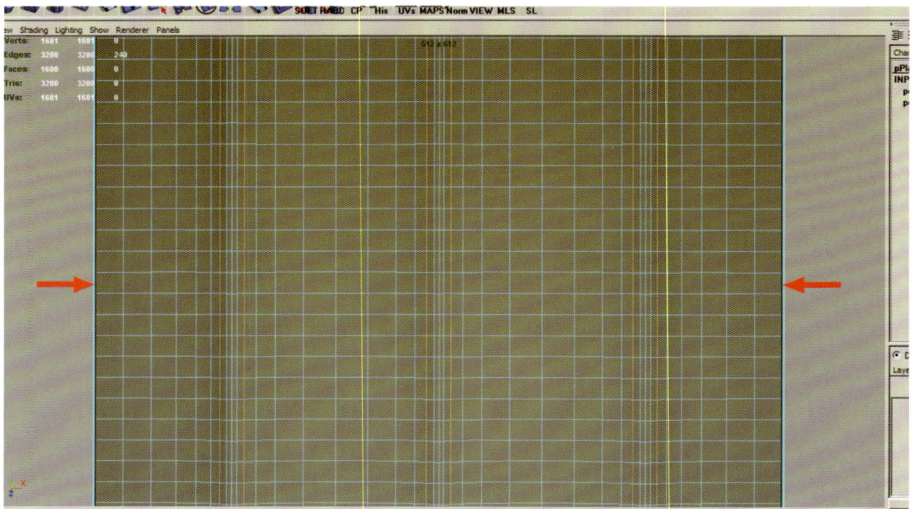

- Zoom (缩放)网格，直到它完全地填满边界线。

被渲染的图像可以导入Photoshop并用凹凸贴图或细节覆盖物创作。

你可以增加更多的细节，例如铆钉、折痕、弹孔，等等。

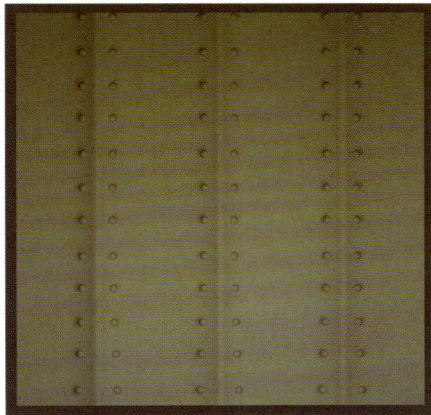

这是被渲染的用铆钉钉牢的翼片。

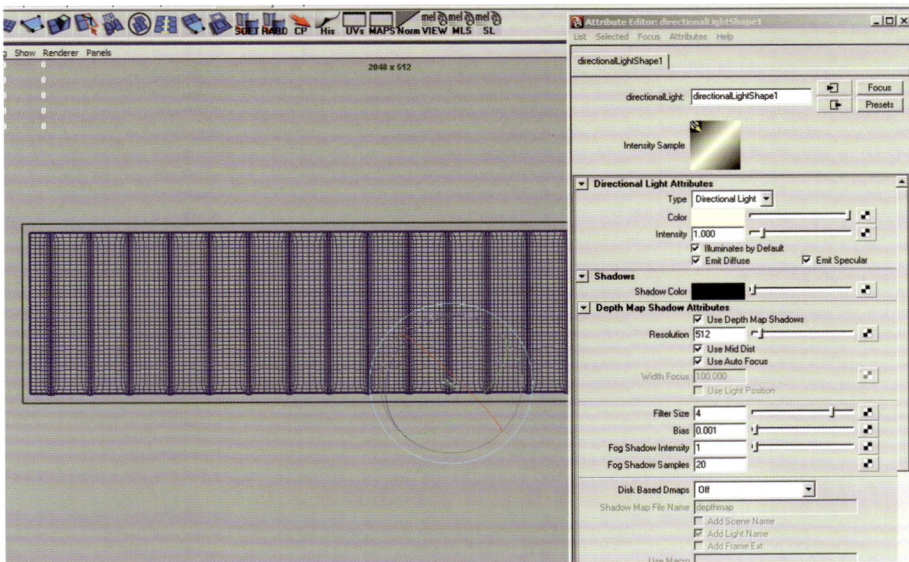

我将翼片复制多次并创建了一个长贴图，准备用于机翼。因为聚光灯有一个明显的衰减，所以我必须将光源改为平行光。

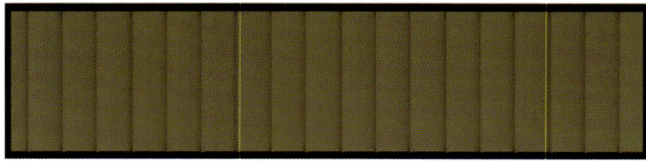

这里是新渲染的机翼翼片，准备用于Photoshop中。

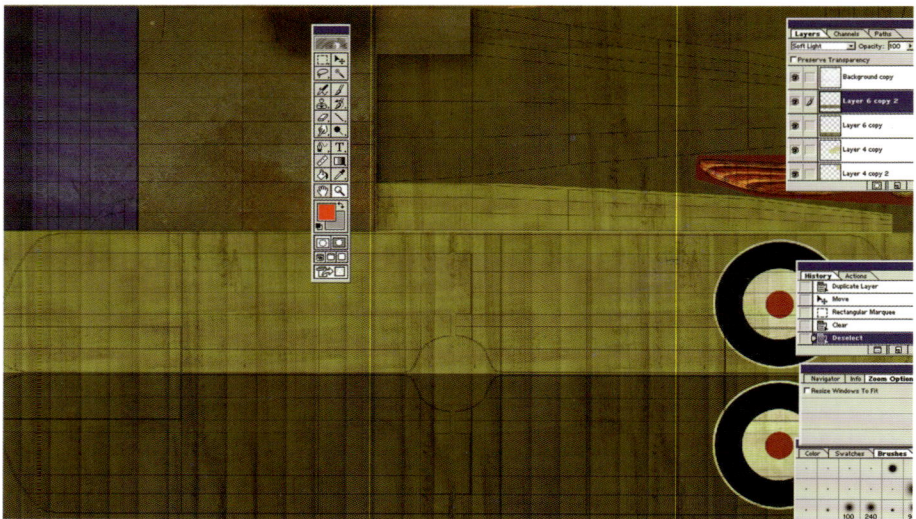

在Photoshop，我将这个翼片作为覆盖物使用，并用在我的凹凸或法线贴图创作中。

这里是最后生成的渲染图像，没有任何手绘工作。如果你不具备数字绘制纹理的艺术或经验，那么这便是一项伟大的技术。

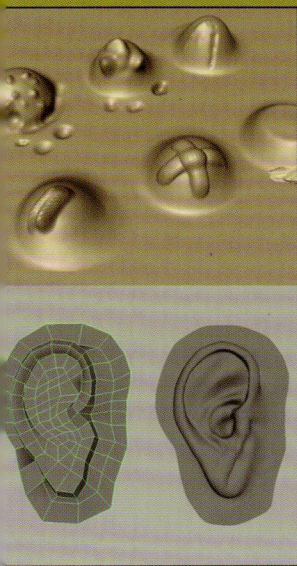

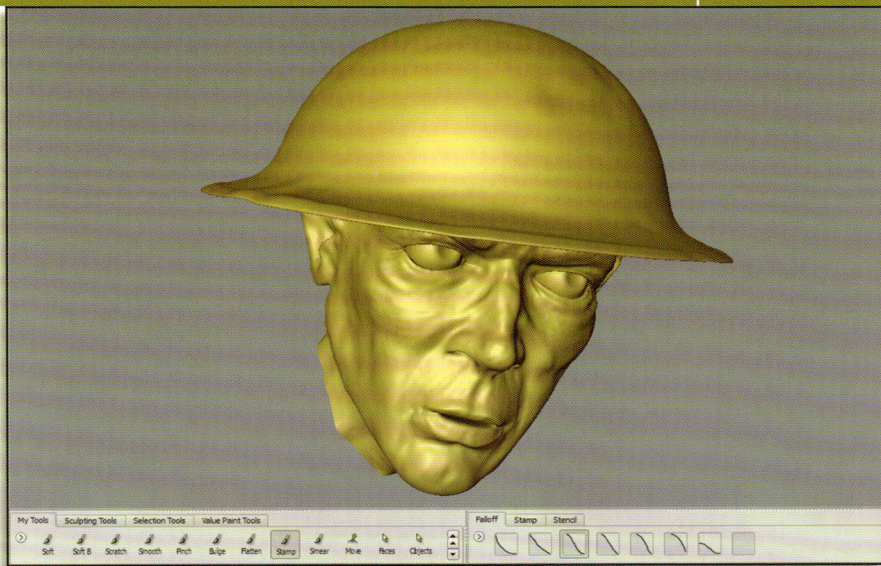

第十二章
Mudbox的数字雕刻

经过前面章节的解说，数字雕刻已经成为建模师在新一代游戏建模中的一部分。我就不再强调传统艺术的解剖素描、光感、色调的理解和黏土雕刻的重要性了。拥有这些技巧的艺术家远远超过那些只是简单地拥有3D技巧的艺术家。我见过一些黏土雕刻艺术家，他们从来没有使用过3D软件，但是做得却比一些3D艺术家更好。这就充分地说明了Mudbox将会存在很长时间，如果你能尽快地学会，知道如何更有效地利用它，那么你就能更快地在游戏行业最好的工作室中获得工作机会。

为什么选择 Mudbox 而不是 Zbrush 呢？

Mudbox和Zbrush都是很好的工具。我并不是说Zbrush不好，但我个人比较倾向于Mudbox。因为Mudbox的界面简单易学。初学者能很快地掌握并运用。所有的界面和快捷键都与Maya很接近。你也可以在选项中自定义快捷键。你可能会说："Zbrush有贴图绘制的功能而Mudbox没有。"这是事实，但是在不久之后，Mudbox2.0将会加入贴图绘画功能，一旦Mudbox拥有了这个功能，在我看来，这个应用软件将会成为3D雕刻和贴图绘制的新标准。

Mudbox 很难掌握吗？

当然不是，事实上它比Maya容易得多。把Mudbox想象成数字化的黏土。对一个有着上万或是上百万面的高密度模型轻松地进行雕刻将是一件非常有趣的事情。甚至可以对更多面的模型进行雕刻，这取决于你的电脑的配置和内存的大小。你能用Mudbox进行非常细致的雕刻。

我们将在这里学会什么

这一章并不打算教你Mudbox所有的细节。相反我会跳过一些重要的工具和过程来帮助你知道Mudbox怎么使用以及工具的位置。下面的课程中我会详细地讲述如何建一个真实的耳朵，让你体验新一代的雕刻技术，并且了解一个网格物体从导入到导出的工作流程。

步骤1：Mudbox 的界面

菜单和工具的使用

Mudbox有着简单的界面。你能很容易地找到这些工具和它们的功能。Mudbox有很多与Maya相似的快捷键。让我们来快速地浏览一下它的菜单和工具。

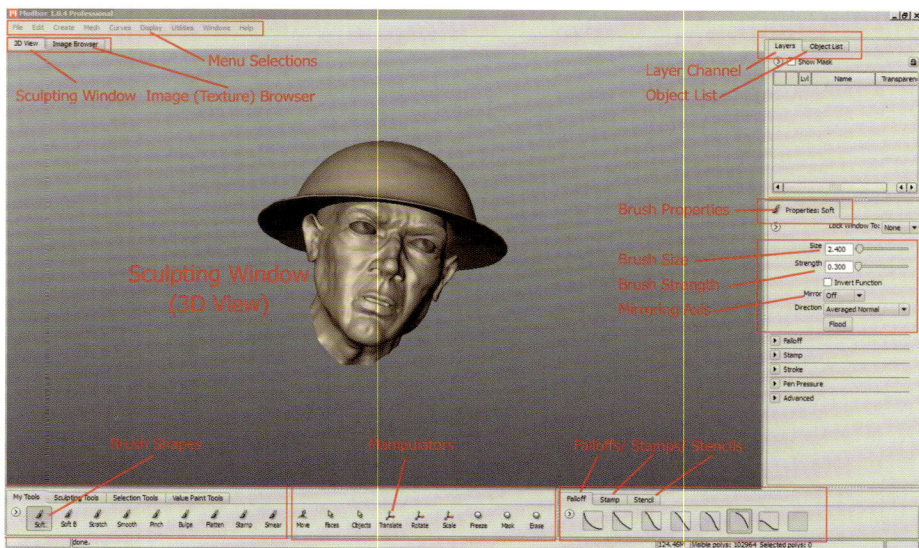

3D View（3D视图）

让你能在Mudbox的窗口里观察和雕刻你的模型。

Image Browser（图片浏览）

搜索模型的纹理贴图，方便直接找到模型的贴图。

Layers（图层）

不同的模型部分你可以建立不同的工作图层，对它进行不同的雕刻。像在Photoshop一样，你可以用百分比缩放工具来调节你模型的从0到100的透明度。图层也可以锁定，这样你可以看到这个图层但是不会误选它，与Maya的"R"渲染模式的图层通道类似。

Object List（对象列表）

你可以通过对象列表选择模型各部分及灯光等。

Properties Channel（参数通道）

显示被选择笔刷的参数，可以在上面修改笔刷的强度、笔刷大小、镜像和衰减值等等。

Toolbar（工具栏）

在窗口的最底部，工具栏会显示所有的笔刷以及移动和遮罩等工具。

Falloff /Stamp/Stencil（衰减/图章/模板）

每个笔刷都会有衰减的选项，并有Stamp(图章)和Stencil(模板) 贴图的选择。

步骤2：导入模型进行细节调整

正确导入并开始雕刻

确定你导入的模型是. OBJ格式。在导入进行雕刻前，确保你的模型是四边形，UV完整干净。

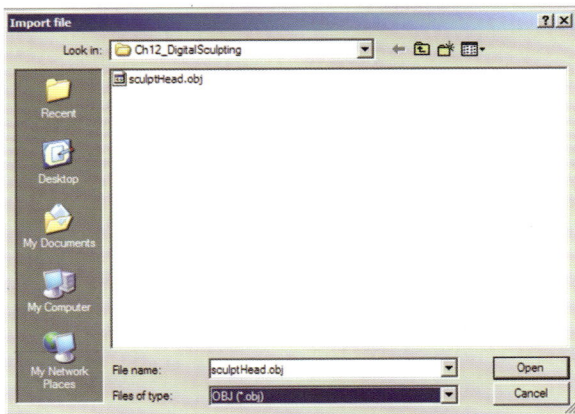

导入模型后，你需要细分几次来增加模型的面数，为之后的雕刻做准备。你可以在雕刻的时候细分或者在起始阶段细分，然后慢慢地减少细分级别。

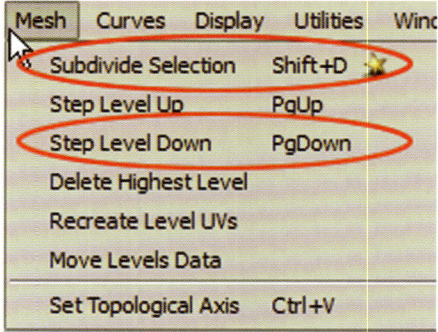

模型从低级向高级一步步地进行细节雕刻的流程是非常重要的。一开始就从非常高的级别设置雕刻，并不是正确的工作流程，但是，我们可以在高级别设置中快速地进行细节调整，然后降到最初的级别。这种投机取巧的办法比我们必须使用Move（移动）工具更节省时间。

步骤3：运用不同的笔刷和衰减

笔刷的不同用法

衰减是笔刷基本的设置。有角度的逐渐变弱的衰减方式能创建一条区别于外部边缘的斜边，它更胜过凸出的外部曲线。经验表明，当你进行雕刻时，衰减会有点不同，尤其是当你使用低感压设置的时候。

以下是几种特殊的笔刷及其功能。

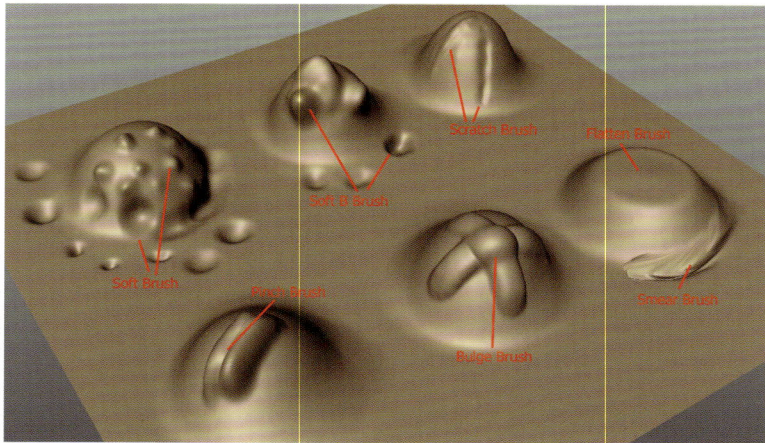

- **Soft**(柔化笔刷)：对网格添加基本细节和塑形。
- **Soft B**(柔化笔刷B)：与柔化笔刷很像，但有一个主要的区别就是：用柔化笔刷B不用考虑它的速度，也就是说，无论你用笔刷绘制得快与慢都会均匀干净。

- **Scratch（痕迹笔刷）**：用于增加摺皱，皱纹，伤疤等。与Bulge（凸出笔刷）和Pinch（收缩笔刷）相结合能表现出真实的皮肤效果。

- **Smooth(平滑笔刷)**：柔化网格，在雕刻中减少硬边缘造成的凹凸。当你在使用别的笔刷时，按住shift键能转换到平滑笔刷。

- **Pinch（收缩笔刷）**：能把顶点和面拉出。与Scratch（痕迹笔刷）一起使用时，对创建褶皱、皮肤上的皱纹以及眼睛周围的细纹非常有帮助。

- **Bulge（凸出笔刷）**：在面的法线方向充分凸出网格，在Pinch（收缩笔刷）之后使用，对增强皮肤和布料的褶皱、皱纹非常有效。

- **Flatter（平整笔刷）**：能抹平模型表面。这个笔刷非常方便，尤其对一些坚硬的对象如金属物体或是边缘轮廓清楚的风格化字体都非常有用。

- **Stamp(图章笔刷)**：这个笔刷能让贴图贴印在模型网格上，要想有好的贴图效果就需要高密度的网格级别数。在网格上可以放大缩小和移动贴印图像。

- **Smear（涂抹笔刷）**：能大幅度地拉出顶点，所以在用的时候需要比较小心。同时模型的UV集需要重新设置，因为初始的UV集将会变形。

> **提示**：转换笔刷：按住Ctrl键可以在"pulling"(拉出)和"pushing"(推挤)之间转换，按住shift键可以在粗糙的表面进行光滑操作。这让Mudbox更容易掌握并能提高工作效率。

步骤4：图章工具和模板
两个非常有用的纹理工具

如何使用图章工具

图章工具可以使你任意地拉伸和缩放一个方形贴图。当你松开鼠标，图章就会自动运用在模型上。

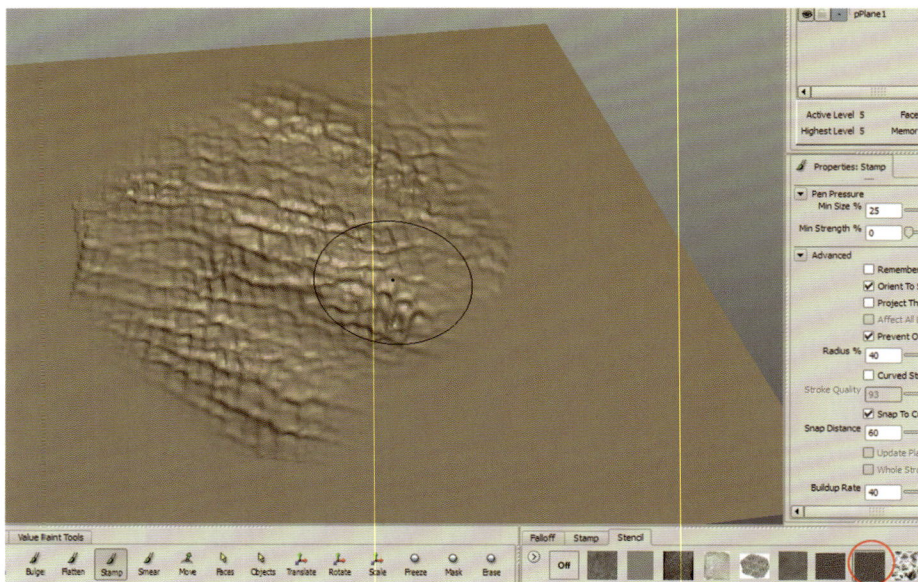

使用模板贴图

模板都是透明的贴图，可以用来绘制纹理。拖拽的设置可以使用，能在模型表面任意拖拉纹理。模板贴图可以在诸如Photoshop软件中随意创建。

调整大小以及旋转模板贴图

鼠标中键可以缩放贴图大小。按住S键点击拖拽鼠标来旋转模板贴图。

平铺和隐藏可视性

你可以在模型上平铺透明贴图。首先确定你的贴图是被缝合的，并在Advanced channel（高级通道）里隐藏贴图。

步骤5：使用图层

这里将介绍如何选择不同的网格并在其中工作。

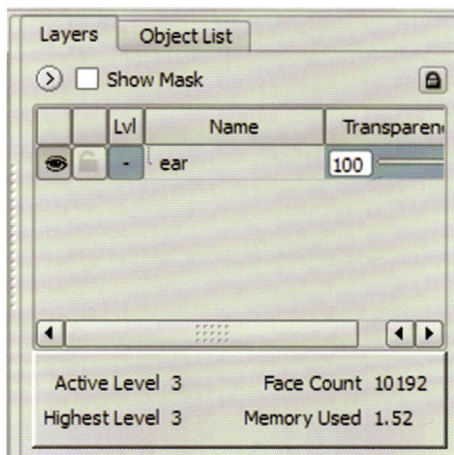

在创建士兵的模型时，我把不同的部分都建立了独立的图层，方便在工作时可以显示和隐藏这些部分。当雕刻士兵头部时，可以隐藏他的头盔。同样在雕刻外套时也不受腰带的影响，等等。

还可以在新的图层上增加细节，用图层后面的透明度滑块来调节细节（从0到100的透明强度）。

步骤6：探索多样的显示模式

平滑模式、纹理模式和线框模式

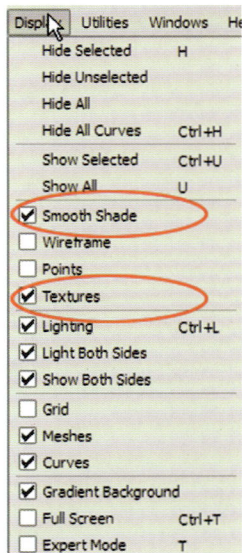

　　你可以选择自己感觉最舒服的模式来显示模型。线框模式能让你检查网格密度，平滑模式可以去除硬边缘的面。我个人觉得关闭平滑模式更有利于雕刻。当我雕刻时，喜欢精确地观察模型的每个面和边缘以及它们在雕刻中发生的变化。

显示模型的纹理贴图

　　在Mudbox中，当雕刻时可以显示模型的纹理。

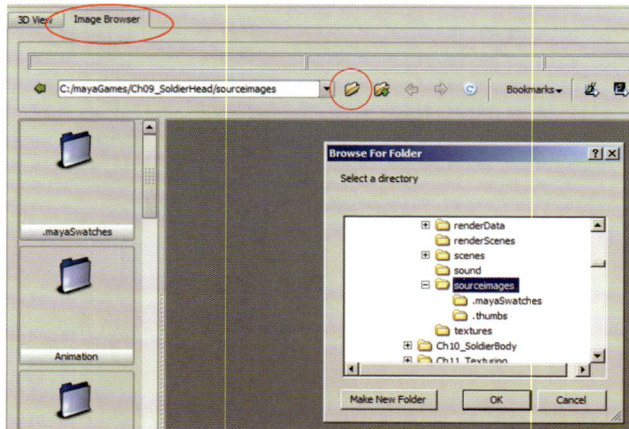

- 选择图像浏览按钮。
- 选择你的纹理贴图所在的文件夹。

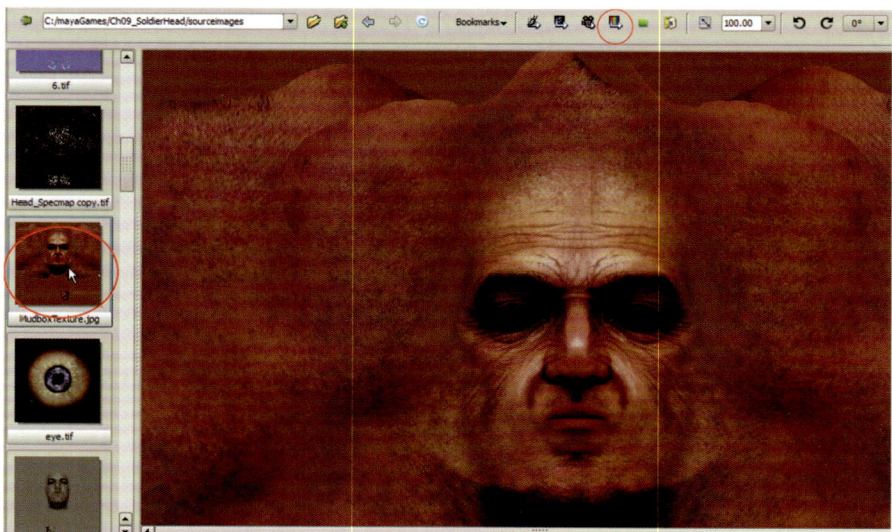

所有的贴图会显示在左侧。

- 找到你需要的贴图（请注意，在Mudbox中有些图像格式将不会显示）。

- 选择Set Color Map（设置颜色贴图）图标，在网格上显示纹理。

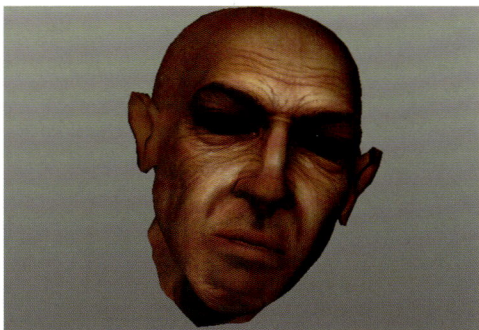

- 再次选择3D视图标签，转换到显示面板。

- 网格上已经贴上了纹理，较好地指定了需要雕刻细节的区域。

步骤7：烘焙贴图

制作法线贴图和置换贴图

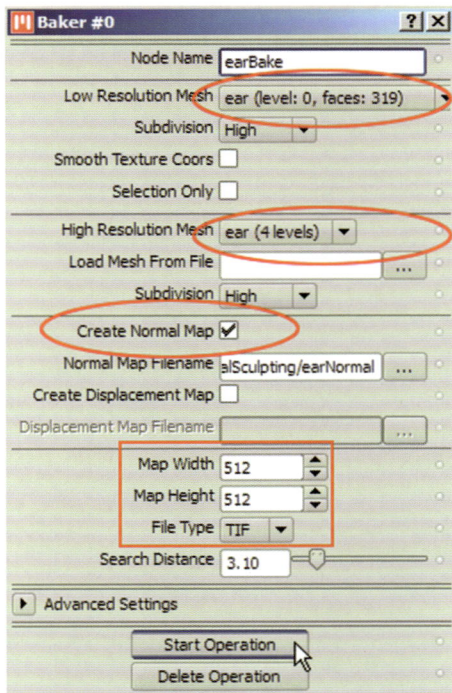

　　Mudbox的便捷之一是能很快产生高精度的烘焙贴图。你可以任意选择需要的级别来进行烘焙，Mudbox可以方便地导出贴图。有时导出处于高级别的高精网格时进度会被卡住。有个小窍门：细分比你需要的级别再高一个级别，然后当你需要导出贴图时再降低一个级别。

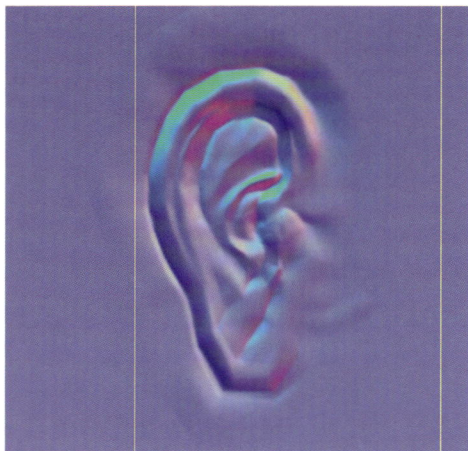

步骤8：制作真实的耳朵

实用的测试项目

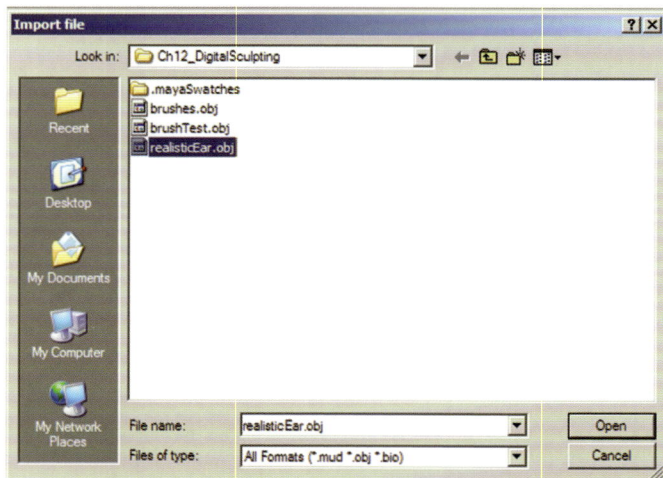

- File（文件）> Import(导入)> Ch12,DigitalSculpting/realisticEar.obj。
- 选择打开。

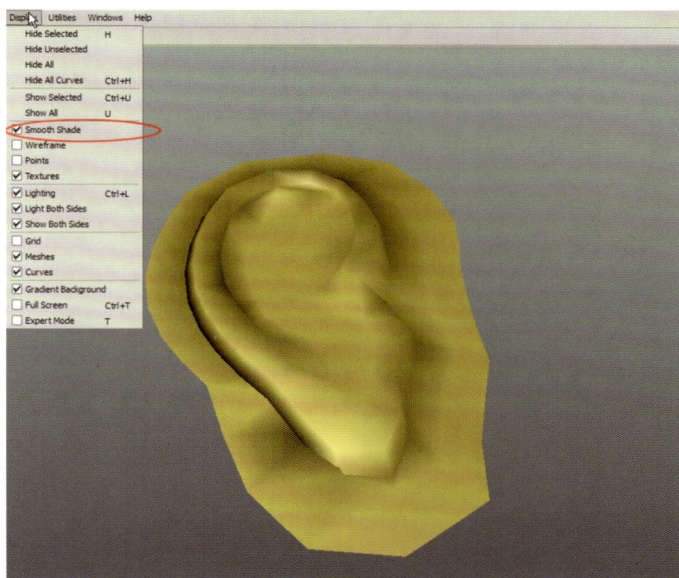

打开Display（显示）菜单，尝试着打开和关闭不同的显示选项，如平滑显示和线框显示。

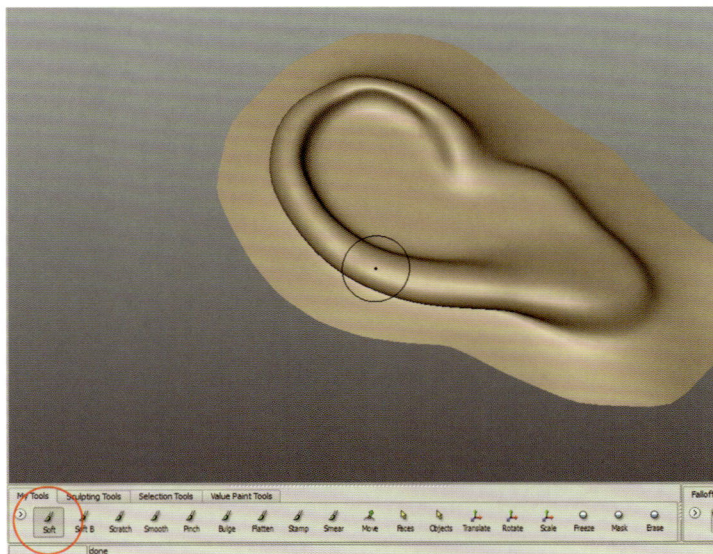

通过细分网格来增加网格密度。

- Mesh（网格）> Subdivide Selection（细分选择），进行3~4次的细分。

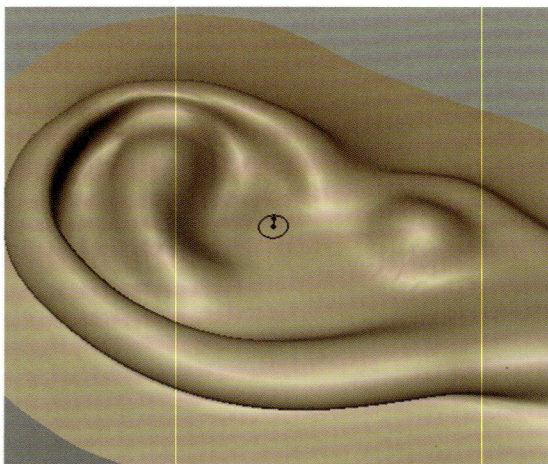

- 按住B键来调节你的笔刷大小。
- 按住Ctrl键反转笔刷的压强，一般对网格表面都是进行Pushing(挤)
  而不是pulling（拉）。

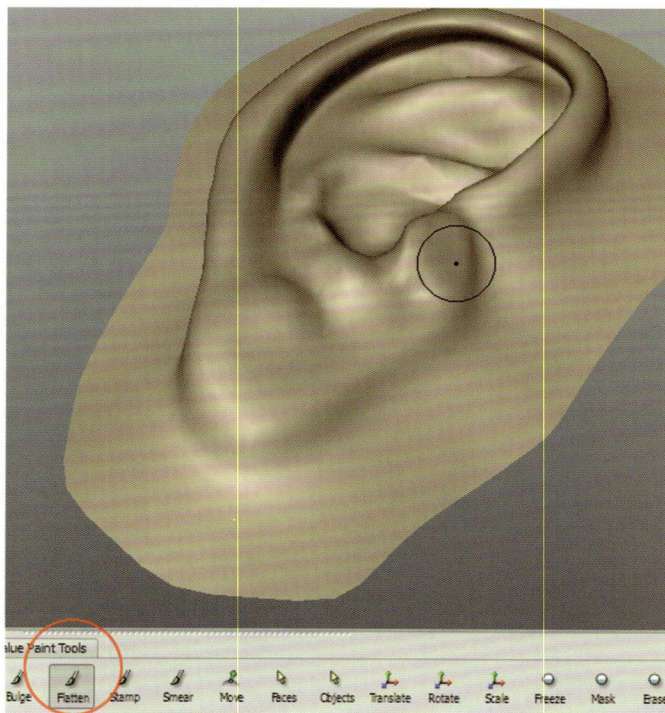

平整笔刷可以帮助我们对耳朵外围的地方进行修整。

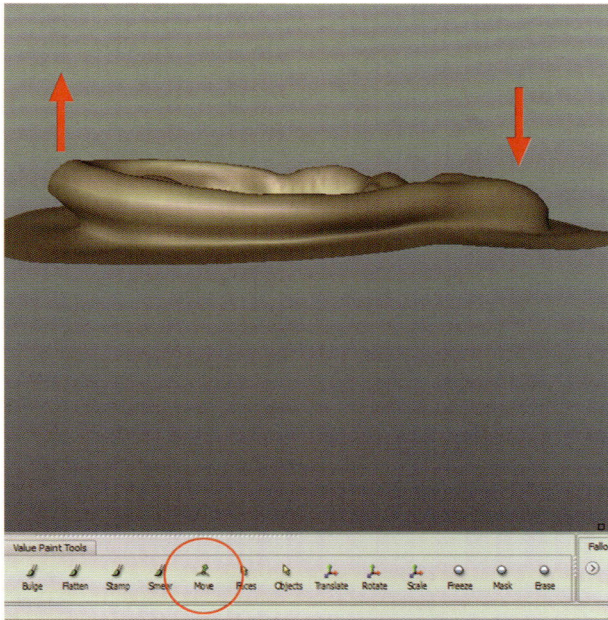

Move (移动)工具帮助我们对早期建模不足之处进行调整。

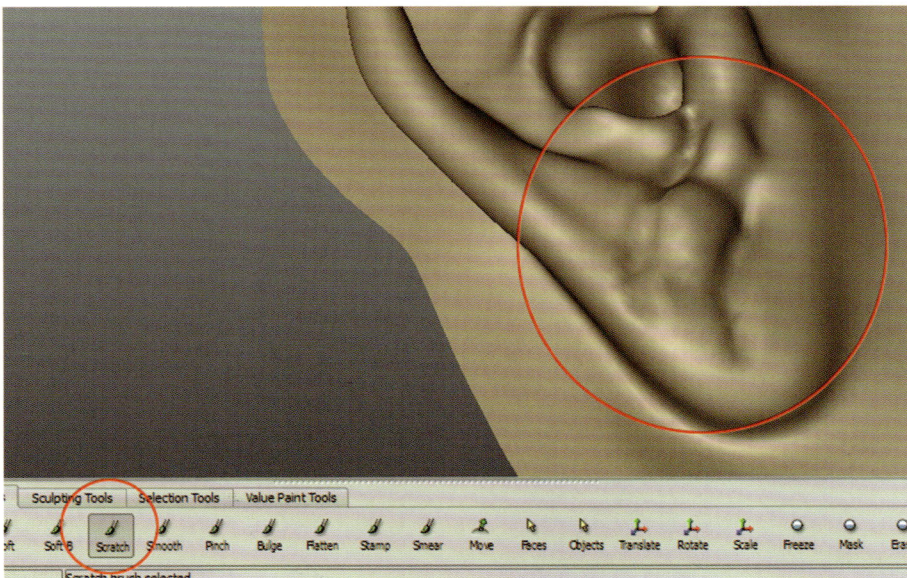

用Scratch brush（痕迹笔刷）轻而易举地把网格面制作出褶皱。

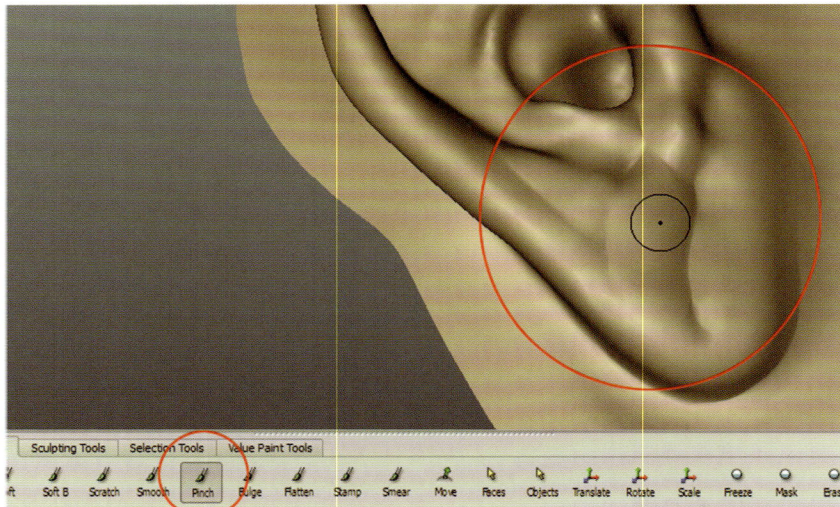

接下来用Scratch brush（痕迹笔刷）和 Pinch brush（收缩笔刷）来创建柔软皮肤的褶痕。再用Soft(柔化笔刷)和Bulge（凸出笔刷）进一步拉出褶痕以达到最终效果。

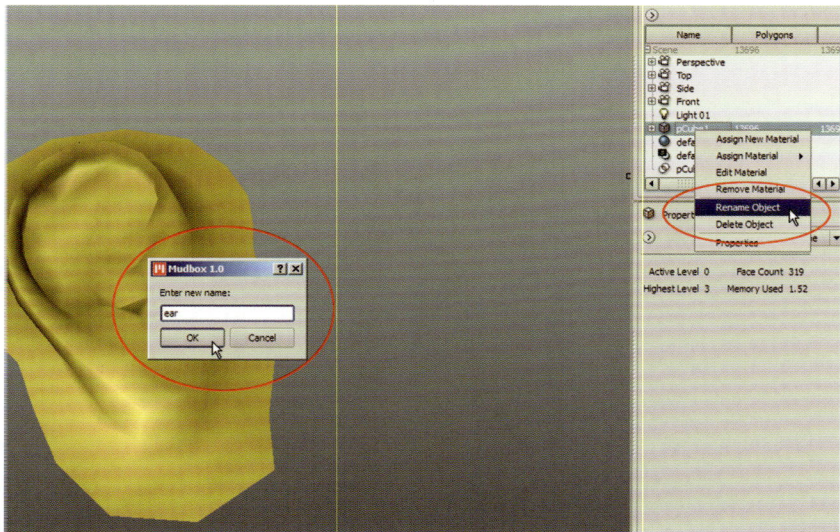

对网格进行重命名，打开Object List（对象列表）菜单。

- 右键点击网格对象>Rename Object（重命名对象）
- 输入新的名字
- 点击OK确定。

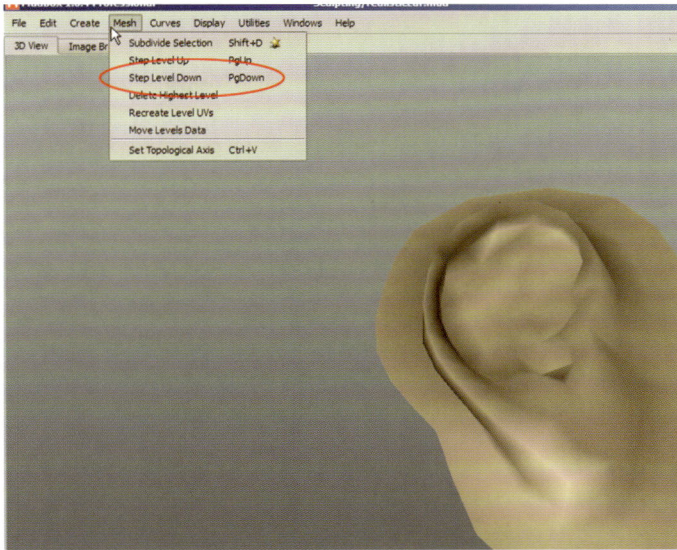

降低Mesh Density（网格密度），然后再次导出这个低多边形网格。同样你也可以导出一个高精多边形网格，然后用Maya 的Transfer Maps(转移贴图)工具生成法线贴图(这个步骤在第十一章技术9：转移贴图中阐述)。

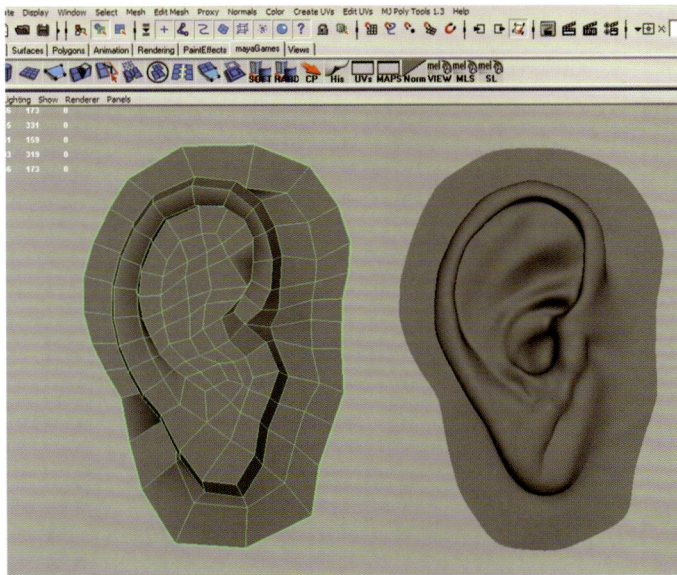

这便是此课的最终结果。图左显示的是最初的低多边形网格，而图右是从Mudbox里导出的高精多边形网格。

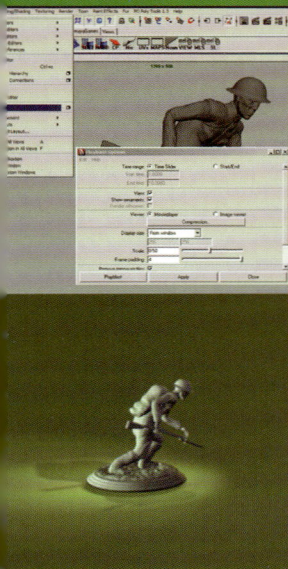

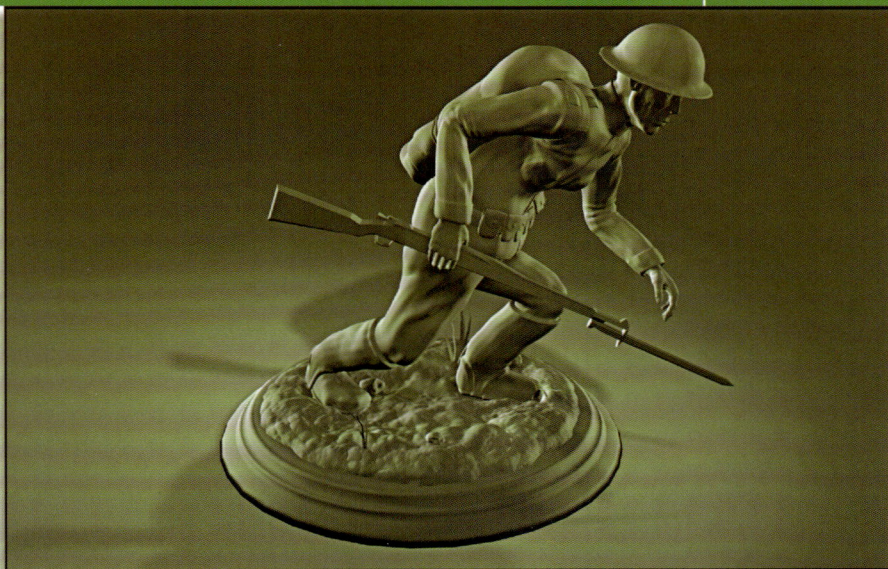

附　录
建造一个转盘动画模型

　　任何建模高手的作品展示的关键之处就是一个令人难忘的光效和被渲染的转盘动画（显示网格线框和拓扑结构）。在这一课中，我将展示一个简单却有效的转盘设定。我也提供了光效和动画的转盘场景文件。

■ 步骤1：开始

准备转盘

　　制作转盘很容易。在这一课我使用了NURBS (non-uniform rational b-splines非统一有理B样条) 曲线，并用了旋转。这可以进行一次快速的旋转放样（revolve）操作和运用NURBS使转盘平滑，与多边形网格相反，它会是一个高精多边形计数。

创建轮廓曲线

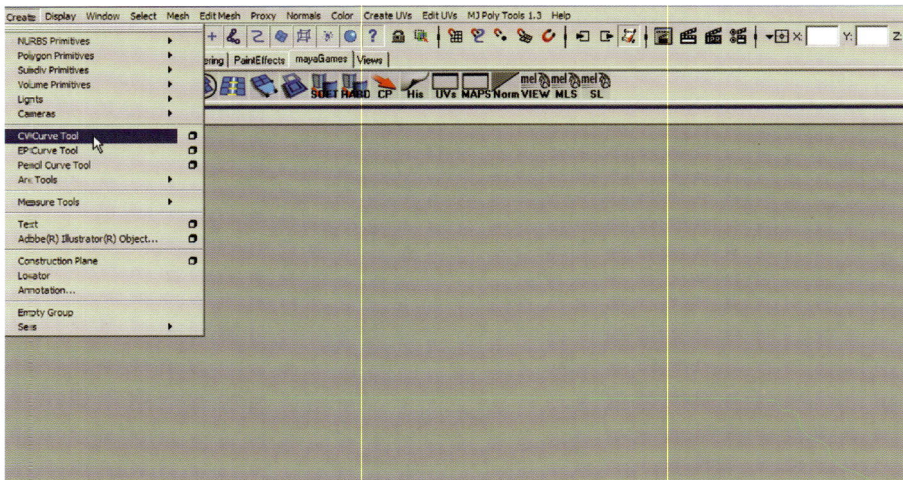

- Create > CV Curve Tool > Reset Default settings（创建 > CV曲线工具 > 重设默认值）。
- 从中心开始，并点击一个有趣的轮廓。
- 此时不要关注缩放。
- 选择两个中间的CV点，并缩放相等的宽度。

> **提示：** CV曲线平滑连接CV之间的点，因此当创建锐利边缘时，需要增加几个彼此接近的CV点。

旋转转盘

- 将模式改变到Surfaces（表面）。
- Select Surfaces > Revolve > Options（选择表面 > 旋转放样 > 选项）。
- 设置到Y轴(旋转从顶部中心开始)。
- 为了一个完整的圆，确保End Sweep（终止扫描）在360° 上。
- 把Output（输出）设置到NURBS。
- 按Revolve。

> **提示：** 不尽如人意?如果旋转与预期结果不同，按Z键返回并检查枢轴。它应该在中心(圆直径端的CV末点)。

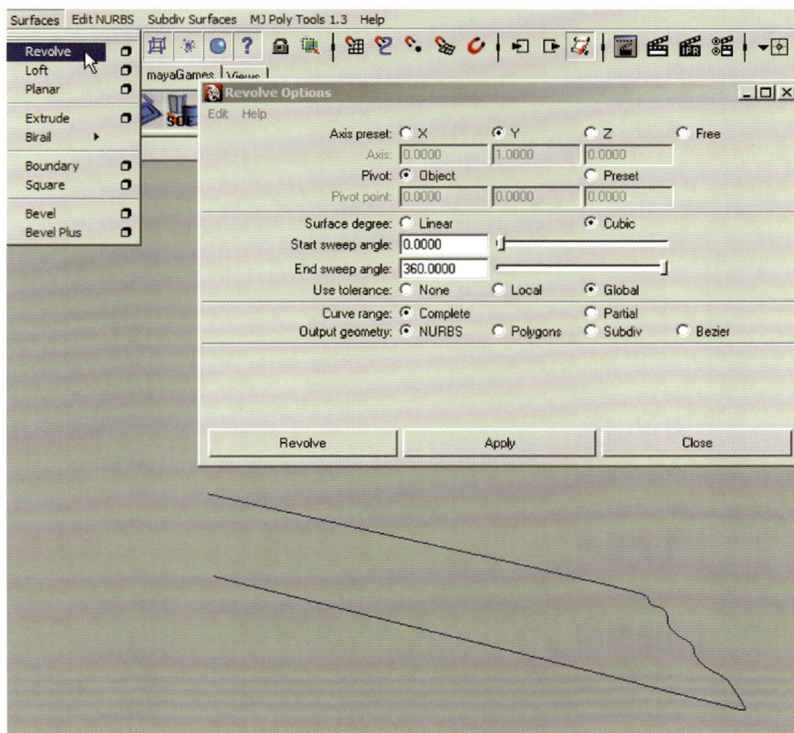

NURBS的优点是你可以通过选择轮廓曲线上的CV点来调整形状，所做的改变将自动更新NURBS表面。成功之后，删除所有历史。

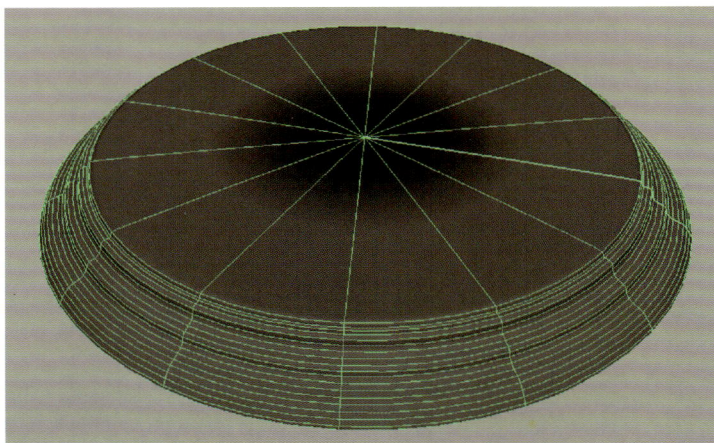

将枢轴吸附到网格上

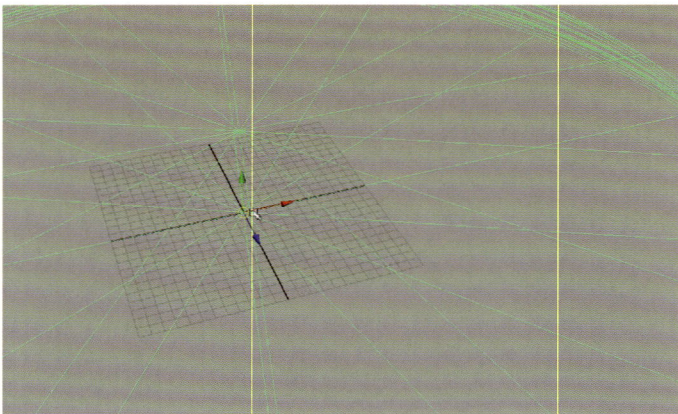

选择Revolve，将此平台X–吸附到网格中心0/0位置。

冻结变形

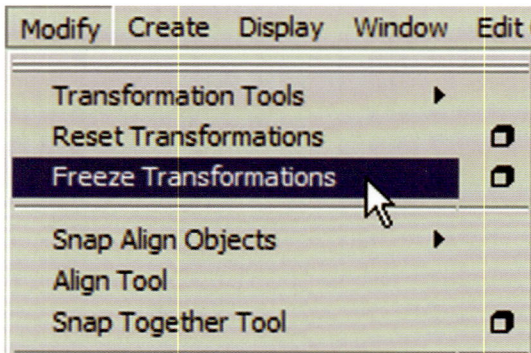

在动画之前，对模型冻结变形总是一个好想法。

步骤2：对模型建立父物体

由于转盘在网格上被调为零并且准备动画，所以我们将它做成该模型的父物体。这样，转盘做什么，模型便会做什么。但是设定父子关系与结合网格不同，模型依然可以自由移动、旋转或者在转盘上缩放。

导入你做完的模型

如果这个模型由多个网格做成，那么选择所有网格部分，并按住Ctrl +G键，把这些网格组建到一个节点里。此组重命名为Model_Complete。

- 选择Model_Complete节点，并按住Shift ，加选Turntable网格。
- 按P键到父物体。
- 现在选择转盘并转动它。如果模型也照做，则两个对象已被恰当连接。记住重设转盘的Rotate Y（旋转Y），使其回到0。

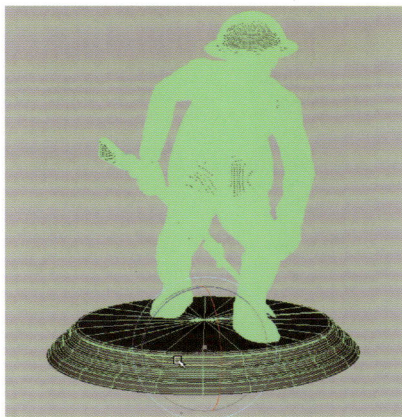

步骤3：动画转盘

设置关键帧

我们只在Y轴旋转转盘。

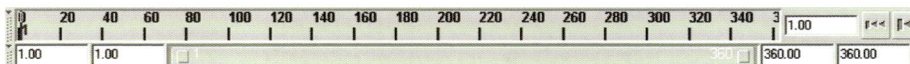

设置Range Slider（范围滑块），左边到1，右边到360。这将为我们提供帧的正确数字。如果你从0帧开始，那么你渲染图像就得在361结束，这样才能有一个360°的旋转。

- Start frame（起始帧）。
- 在Animation Time Slider（动画时间滑块）调整到帧1。
- 选择Rotate Y（旋转Y）。
- 单击鼠标右键拖到Key Selected（选择的关键帧）。

这个通道将显示为橙色，表明运用了动画。

- End frame（结束帧）。
- 确认最后的帧，360，并且重复以上过程。
- 按Animation Time Slider（动画时间滑块）上的播放按钮以确保转盘的动画。
- 记住保存场景。

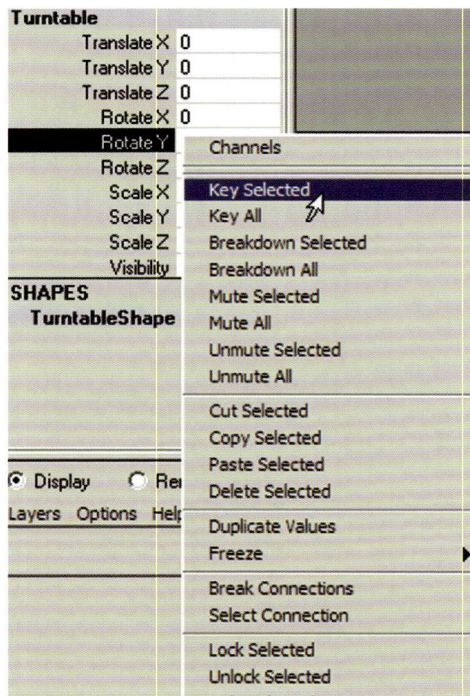

由于0°和360°代表同一旋转点，所以我们需要修改范围以避免两帧重叠，一旦重叠将会在动画序列上引起视觉性的"爆炸"。

渲染一个快速播放动画

　　无论在设置灯光和摄像机的之前或之后，我们都可以渲染出一个快速的播放预览，而不是为了测试要花费几小时渲染出一个完整的场景。现在就让我们开始。

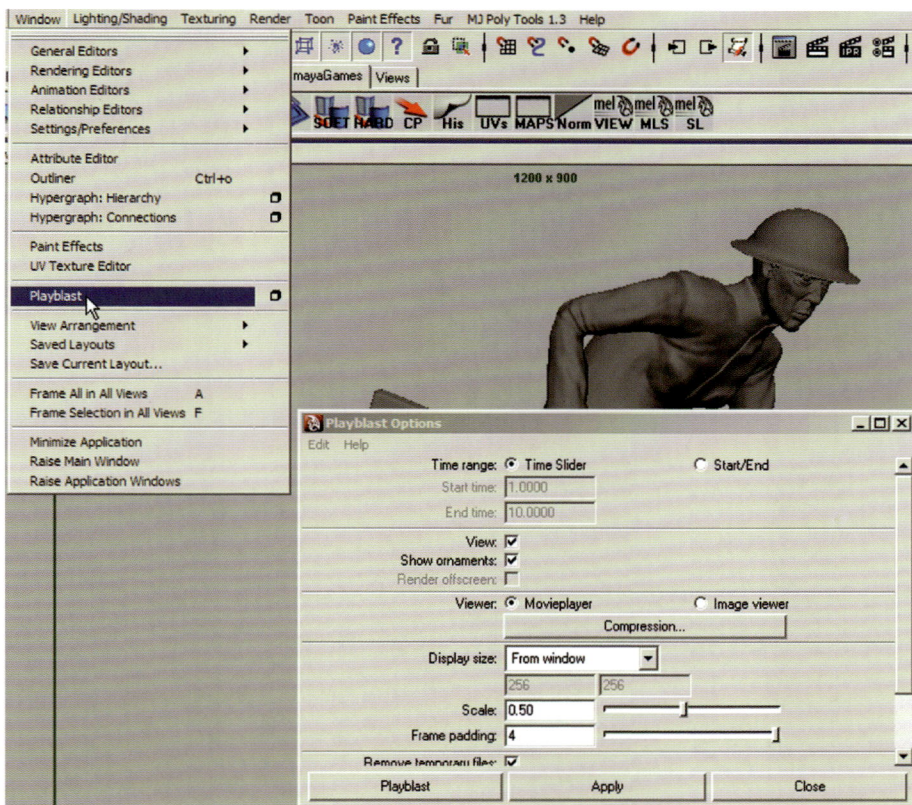

- Windows > Playblast（窗口 > 快速播放动画）。

　　根据需要，选择当前的Time Slider（时间滑块）或者Start/End（开始/结束）帧。

　　按照图例设定其他设置。Maya将开始录制一个图象序列的幻灯片。你也可以通过 **fcheck** 编辑器对一个文件和视图进行渲染：

- File > View Sequence（文件 > 视图序列）。

▦ 步骤4：设置摄像机和灯光

简单的三点光源设定

三点光源是多数灯光设定的基础，并且这个系统也能为转盘动画提供精美的效果。以下是这些光源基本的用途和缺点：

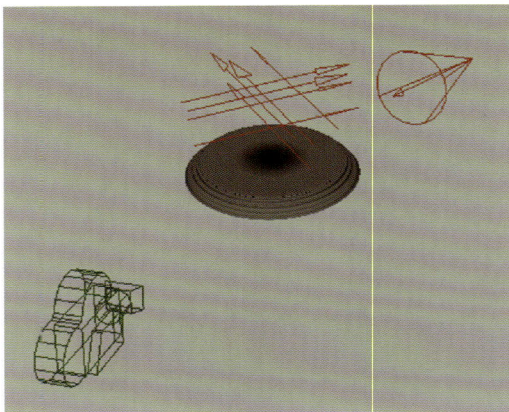

- **Key Light**（基调灯）：通常一个聚光灯最好与较深的阴影投射和线性衰减一起使用。
- **Fill Light**（补光灯）：两个平行光填补了场景照明并且增加对比色。
- **Rim Light**（边缘灯）：这个灯光可以突出对象的边缘轮廓，与背景形成鲜明对比。

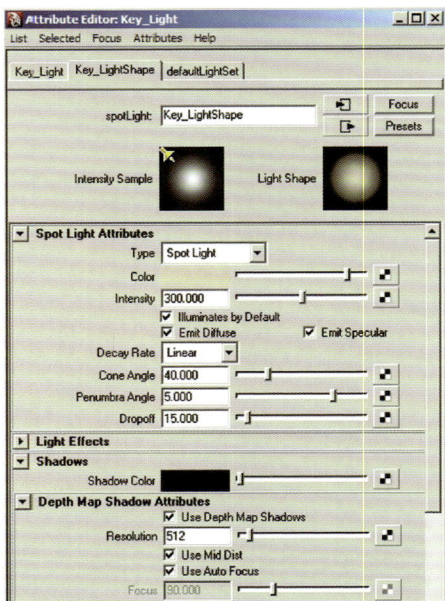

Key Light（基调灯）的设置

基调灯是你的模型的主要光源。我喜欢把纯净的白色降低到更加自然、柔和的颜色，因此我发现微白或米色工作最佳。

Fill Light（补光灯）

平行补光灯使一个乏味的场景增添了温暖和气氛。我发现对比色的两个平行光彼此相交90°时，工作效果很好。对于此模型，一个暖色光(如橙黄色)和一个冷色光(蓝紫色)可能更漂亮。在0.5和1.0之间的低值设置（intensity）能达到最佳状态，因为目的是增加一个柔和的颜色涂层，并且没必要加设阴影。

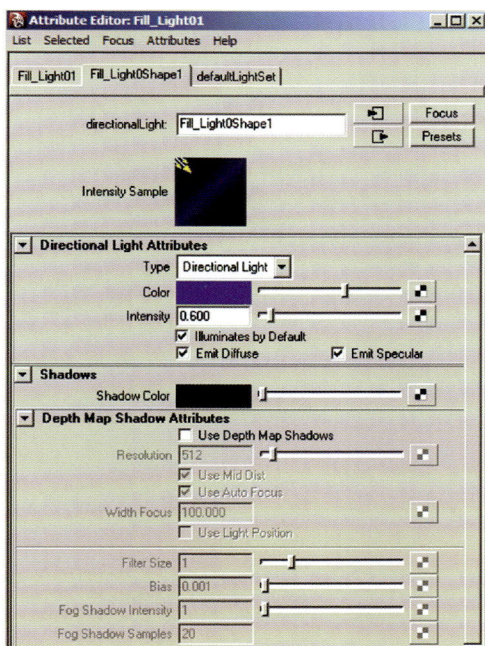

我将灯光的方向略微向上调节，避免对底层或底平面增加太多的光。

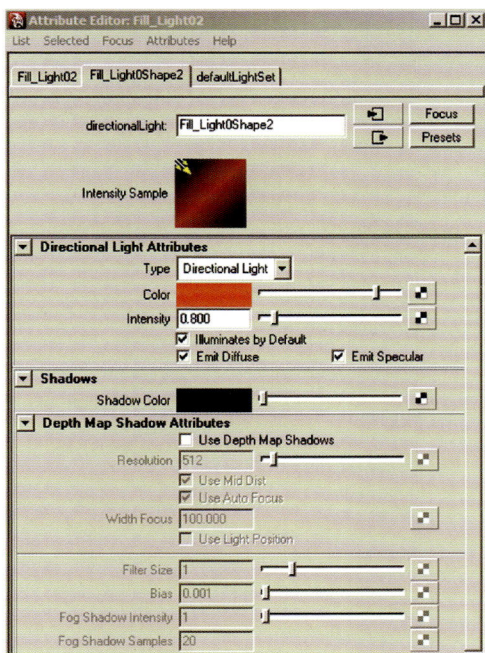

357

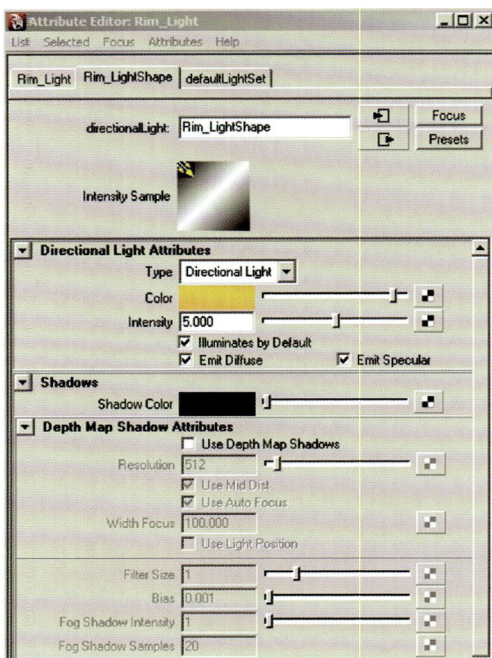

Rim Light（边缘灯）

边缘灯是任选的，它有助于界定模型的边缘并使模型与背景相分离。这个光源要求一个更高的强度（intensity）设置，在5和10之间运作最好。再者，不应该使用阴影。

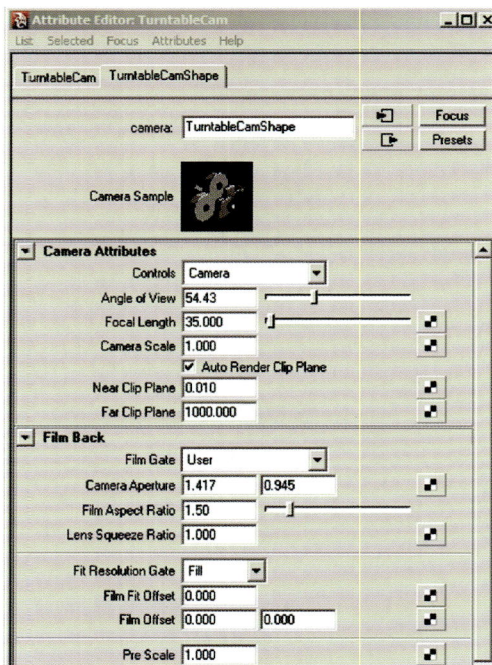

设置摄像机

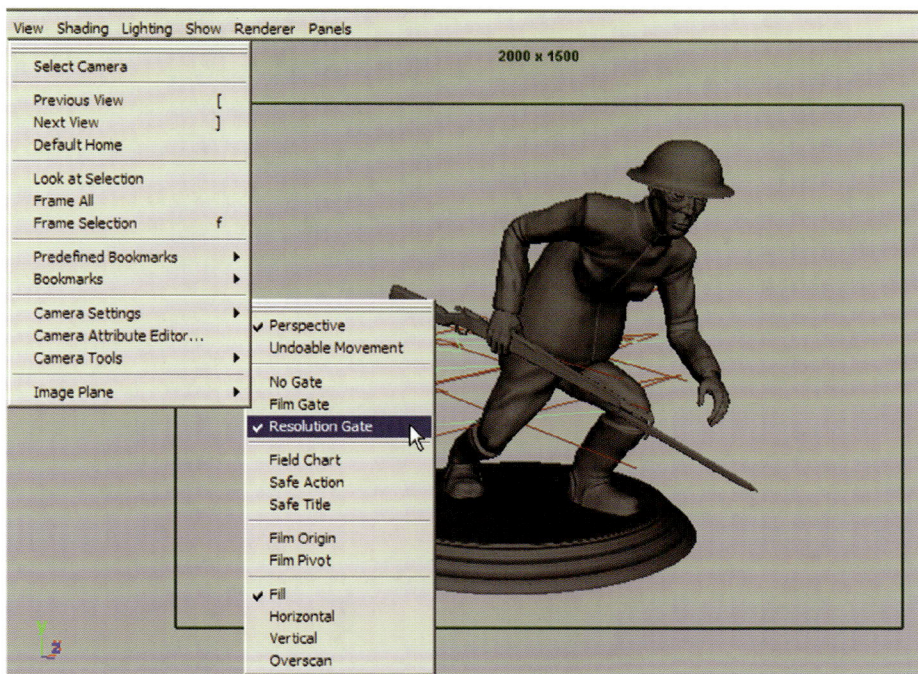

摄像机取景框

Resolution Gate（分辨率取景框）将帮助你在被渲染的场景中看到模型。有时，No Gate（无取景框）是打开的，Maya将不会显示最终渲染的正确比例。

- **Safe Action（安全框）：** 在规定的范围中，所有被显示的文本应正确显示。
- **Safe Title（标题框）：** 在规定的范围中，所有动画应正确播放。

> **注意：** 观看DVD提供的视频文件，学会如何便捷地设置灯光。

░ 步骤5：渲染此动画

正确设置渲染全局

设置Render Global（渲染全局）很容易，但你必须确保某些方面被正确设置，否则你无法获得导入视频编辑程序（如Premiere或Final Cut）所需的最优秀的图像或数字序列。

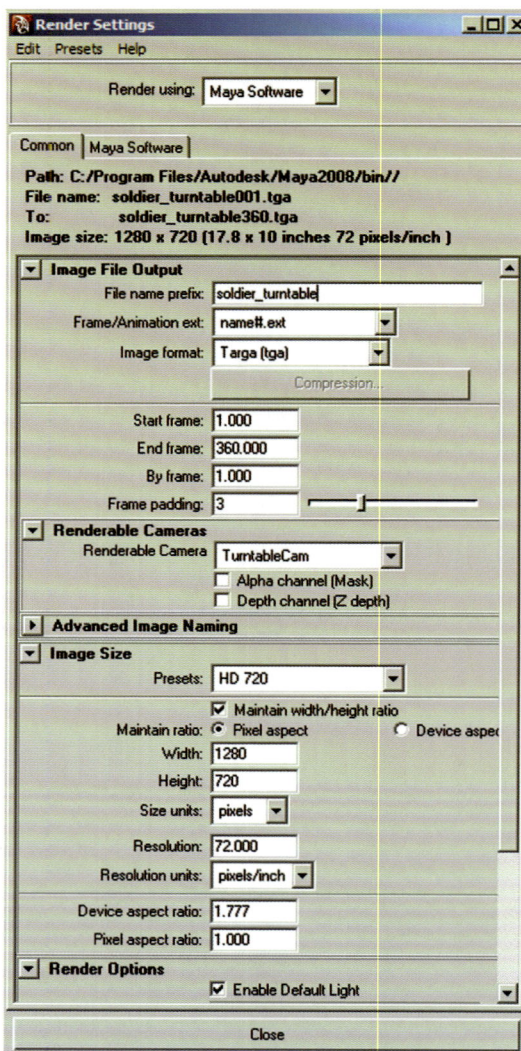

渲染全局常规标识

1. 保证正确的项目设置，使得此渲染在适当的位置终止，并在编辑时容易找到它。

2. 给文件起个名字。

3. 选择一个扩展名。比如，"Name#.ext"，将作为"soldier_turntable000.tga"渲染。

4. 选择Image Format（图像格式）。我喜欢.TGA。

5. 选择Start frame（起始帧）。（是的，你可以从任何帧开始动画渲染。）

6. 选择一个End frame（结束帧）。

7. Frame Padding（帧数字位数）将增加一系列的数字空间。例如，Padding 3，将渲染多达999个帧。

8. 确保正确的摄像机被选择渲染。

9. 如果需要Alpha channel（阿尔法通道）或Z Depth channel（Z轴深度通道），请选择。选择这些通道将加倍你的渲染时间。

10. 设置Image Size（图像大小）。虽然 640×480 是常规的，但我更喜欢1280×720 HD格式，或者你也可以使用720×405，它是为计算机速度较慢的用户使用的一种较小的高定义"作弊"比例。

11. 请务必检查Maintain Ratio（维持比例），查看width/height（宽度/高度）比例是否放大或缩小。

12. 其他设置为默认值。

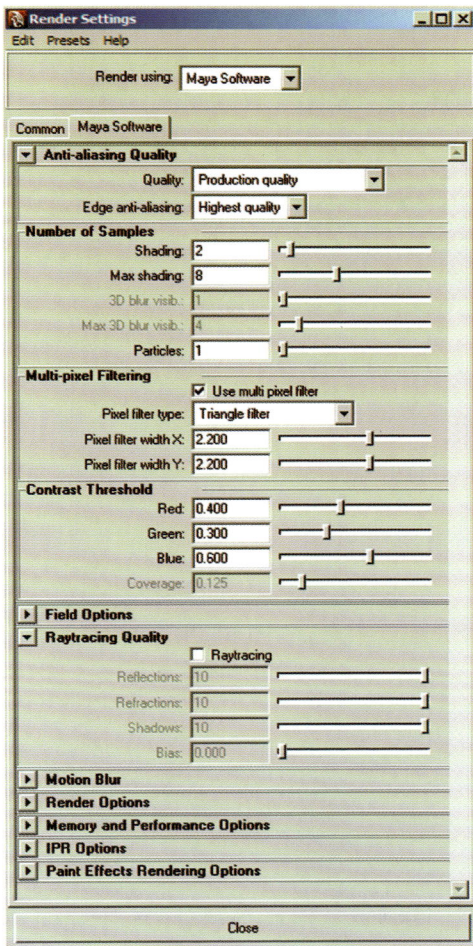

Maya Software (Maya默认渲染器) 标识

1. 将Quality（质量）设置到Production quality（产品级别）。
2. Edge Anti-Aliasing(边缘抗锯齿) 设置到highest quality（最高质量）。
3. 其他设置为默认值。
4. 如果你准备渲染任何发光或反射性材料，请打开Raytracing Quality（光线跟踪质量）。
5. 关闭Motion Blur（运动模糊）。不用Blur（模糊）显示你的转盘是展示模型最佳品质的好方法。

步骤6：批渲染

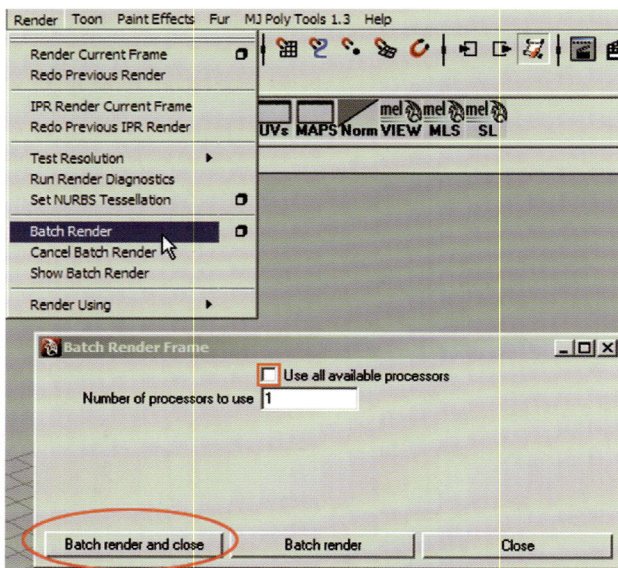

渲染图像序列

- 切换到Render模式。
- Render > Batch Render > Options（渲染 > 批渲染 > 选择）。
- 如果你有多项处理器，请确认ON。
- 请选择Batch render and close（批渲染并关闭）。

    Maya将在右边较低的状态栏显示帧渲染过程。

步骤7：视频编辑

导入动画序列

运用Adobe Premiere 或Final Cut此类的视频编辑程序。被渲染的图像序列现在导入是较为容易的。我制作了一个视频教程，教你如何制作自己的作品展示样片，并提出从一个场景到另一场景切换的建议。

额外的建议

考虑添加一些地貌、岩石、残骸和草叶来提高最终模型的展示逼真感。记住，要想打动未来的老板，就得增加一些亮点，使你在竞争中脱颖而出。

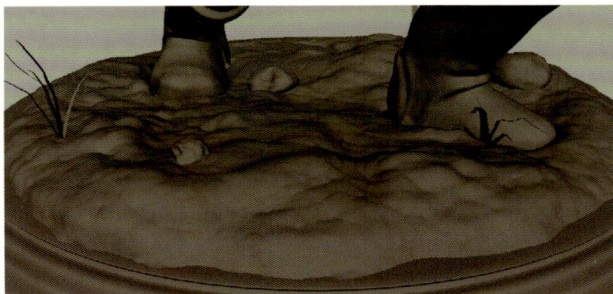

摄像机技巧

你可以通过增加运动模糊或者更好的办法——渲染摄像机的景深来帮助你做出真实的和令人震惊的图像。然而，要当心，因为Maya的后期制作需要的景深和运动模糊将极大地减慢渲染时间。

▓ 大功告成

通过模型的几个渲染版本，例如线框，着色和纹理等，你可以创造出一个连贯显示的转换转盘。建议渲染一些特写镜头图像来展示模型和网格的精化细节。

DVD含有一个制作完整的士兵转盘视频文件，包括一个专业的作品展示带的演示——Creating a Killer Demo Reel（创建一个杀手的展示视频）。

DVD目录

视频教程

视频01

- 设置一个模型模板——观看作者如何迅速有效地塑造模型模板。

视频02

- 使用Mirror（镜像）、Merge（合并）、Soften（柔化）和Snap（吸附）——使用这些特殊工具加速建模。

视频03

- 在模型中使用Joints（关节）——使用这一强有力的技巧学会有效地变形网格。

视频04

- 使用Blend Shapes（混合变形）——使用这一快捷的技术精化低模。

视频05

- 如何Transfer UV（转移UV）贴图——将干净的UV省时地从一个模型转移到另一模型。

视频06

- 如何使用Transfer Maps（转移贴图）——使用这个强劲的工具快捷地生成新的纹理贴图。

视频07

- 如何Transfer Normals（转移法线）——学会在低模上如何烘焙出高模。

视频08

- 使用Mudbox——视频示范Mudbox雕刻一只逼真的手。

附加视频教程

Creating a Killer Demo Reel（创建一个杀手的展示视频）

- 视频实例——显示一个模型旋转的最终结果。
- 创建一个杀手的视频——视频分为两部分：如何导入、混和；输出一个专业质量DVD视频作品。

章节场景文件

- 每个章节组织了所有必要的Maya场景、模板和纹理贴图。
- 每个章节包含一个起始的Start.ma场景文件和显示完整项目的Final.ma场景文件。

Crazy Bump 软件

- 安装Crazy Bump，这个流行软件的免费评估版可以毫不费力地制作出优秀的凹凸、法线、高光和置换等贴图。

作者的话

时光飞逝，日月如梭。仿佛就在昨天，我才刚刚挑选了第一本3D教材，到处寻觅，希望尽可能地了解这种惊人的艺术形式。十几年过去了，今天，我很荣幸地成为全职的作者以及3D艺术教师，并且为了游戏和电影事业的发展，找到了足够培养和激励"新一代"3D艺术家的方法。

早在20世纪90年代中期，当我购买了新的Mac电脑时，我的3D之旅便开始起航了。我认为尝试新的游戏是件很有意思的事情，正如很多老一辈人都记得，当时的Mac没有提供太多的资源。但是，在可用资源选择不多的情况下，这个方盒子立刻引起了我的注意。记得封面上写着MYST和其图标，我仔细研究了这个方盒子，并且对购买的卧室图形的细节进行了深入的分析。当然，冒险和谜题正合我的口味。回到家，我观看了不是太低级的"制作"，大约是320 × 240，发现这个游戏也是在Mac平台上做成的，用了一个小型应用程序——Strata 3D。几个小时后，我又回到了那家商店，购买了同样的软件，并安装了它。3D当时是很麻烦的，但经过一两个月的研究，我也因此找到了工作，一个本地多媒体公司的3D美工。我的样片是什么呢？一个有骷髅头门环的木门图形……想想看。虽然我获得了这份工作，但他们使用的是我从未听过的程序，称为3D Studio。我们的第一个升级版是3DS Max1.2，我开始在工作中边学边用。

我对Max的掌握变得越来越自如，甚至我的个人专题被刊登在《3D World》杂志上。但我职业生涯的真正转折点是在进入游戏产业之时。我花了几个月的时间设计了一个样片并投递给全国的几十个游戏工作室。几个月后，我搬到西雅图，在一个名为Xbox的新控制台设计游戏。

在那里，我需要在工作中学习Maya。当时没有书，甚至我的同事也才刚刚掌握它，然而一旦理解了Maya的一切，我的工作开始有了点起色。

在跳槽多家公司的数年后，我回到了学校。旧金山艺术学院学习的短暂经历帮助我历练了技能，之后在伦敦的Escape工作室我找到了一份教授Maya的工作并且也游走于其他国际院校当教师。作为一个教育工作者的经验是无价的，它不但提升了一个艺术家的技巧，但更为重要的是铸就了一个传播者的素养。在教学中，作为一名优秀的艺术家是不够的，你还必须掌握如何清晰有效地表达。

所以，你可以放心的接受此书。我多年的经验都渗透在这字里行间，这些章节的每一个有用模型都可以成为你今后的样片，运用在令人印象深刻的场景中，甚至是在动画电影里（也许我在暗示这本书的续集）。

我希望你喜欢我设计的课程，也希望你能学到很多知识以提高技巧。欢迎登陆我的个人网站，你会听到免费课程以及视频教程，当然，如果你有任何问题或意见也可以给我写信。在此敬候。

衷心地祝福你！

Michael Ingrassia
www.MayaInstructor.com

词汇表

词汇表

A

3D <three-dimensional>：具有或显示具有宽度、高度和深度的三维空间。

Alpha Blending <α混合>：图像处理技术，在3D场景中为对象模拟透明或半透明状态以创造视觉效果，如烟、玻璃或者水。在图像系统的帧缓存区的像素中有三种颜色数值(红、绿、蓝)，并且有时拥有一组α通道值。α通道数据记载透明的程度，范围从不透明到完全清晰。

Antialiasing <抗锯齿>：在计算机图像系统中，减少锯齿或"锯齿化"带来的视觉冲击所做的技术。

Aspect Ratio <宽高比>：图像宽度对高度的比率，被表示为宽度:高度。一台标准的美国电视屏幕或计算机显示器是4:3 的宽高比。一些高清晰度电视(HDTV)节目的宽高比被格式化为16:9 (1.78:1)。多数故事片是1.85:1。

B

Box Modeling <盒建模>：一种建模技术，简单的方块盒通过其面和边缘的挤压，变成一个复杂形状的模型。

Bump Mapping <凹凸贴图>：一种材质技术，使用多重纹理和灯光效果模拟褶皱或凹凸的表面。凹凸贴图非常有用，因为它会给3D带来粗糙的表面以及其他表面细节，例如高尔夫球上的凹坑，这无需增加几何体的复杂程度。凹凸贴图的一些常见类型是：Emboss Bump Mapping（浮雕凹凸贴图）、Dot3 Bump Mapping（内积式凹凸贴图）、Environment Mapped Bump Mapping (EMBM，环境映射凹凸贴图)和True, Reflective Bump Mapping（真实反射性凹凸贴图）。其中Dot3 Bump Mapping技术最为有效。

D

Digital Painting <数字绘画>：使用一支手写笔和绘图板的技术（例如Wacom®绘图板），数字化地创建绘制纹理和艺术品。最常用的2D绘制程序是Photoshop。

DirectX®：微软的一个硬件抽象层API（应用程序编程接口），它是Windows®操作系统不可或缺的组成部分。DirectX标准包括Direct3D（高速3D图像）、DirectSound（混音及声音输出）、DirectDraw（高速2D图像）、DirectShow（视频流支持）、DirectPlay（游戏通信和网络支持）和DirectInput（面向游戏和其它输入设备）。微软继续更新着DirectX，使它成为图像API的行业标准。

Double Buffering <双重缓存区处理>：一个编程技术，使用两组图形画面缓存区既可使一帧画面被GPU（图形处理器）处理，又可使前一帧画面被送往计算机显示器。这防止了显示刷新功能与图像渲染功能之间的冲突。见Frame Buffer（图形画面缓存区/帧缓存）。

F

Fill Rate <填充率>：显示卡能够渲染像素的速率，通常采用每秒百万像素的方式测算(Megapixels/sec)。高填充率的GPU能以更高的帧率显示高分辨率和更多颜色。

Frame Buffer <图形画面缓存区/帧缓存>：在被显示器显示之前，记忆图形处理和被用于存放渲染的像素。

Frames Per Second <FPS，帧速率>：图形处理器渲染新的帧画面或全屏像素的速度。基准测试和游戏将此作为GPU性能的测量。一个快速的GPU每秒会渲染更多的帧，对用户的输入做出更加流畅和灵敏的效用。

I

Image Based Modeling <基于图像建模>：准许从图像和照片中塑造以实现3D建模精准的技术。

J

Jaggies <锯齿>：这是一个被用于描述踏楼

369

梯的俚语，如同沿着文本或位映射图像的曲线和边缘观看的效果。选择Antialiasing（抗锯齿）能够消除锯齿。

L

LOD <level of detail细节级别>：根据和玩家互动的重要性和距离感，要求为一个具体的游戏确定模型的复杂程度。LOD通常取决于等级，在A、B或者C等级的水平。等级有时指"英雄"模型。

M

Mipmapping <Mip贴图>：通过产生和存储多个版本的原始纹理图像，以此改善图像性能的一种技术，每一个图像都有不同的细节级别。图形处理器选择一个不同的mipmap是基于屏幕上对象的尺寸，以便低细节纹理能被使用在低像素的对象上，并在较大对象上使用高细节纹理，差异会显而易见。这个技术保存了内存带宽，也提高了性能。

N

Normal Mapping <法线贴图>：先进的纹理技术——比凹凸贴图展现更好的结果，因为摄像机在多个轴方向观看高度。

O

OpenGL <开放式图形库>：图形API（应用程序编程接口），最初由Silicon Graphics，Inc.™（SGI）公司研发，目的是为了在专业图形工作站的使用。OpenGL后来成长为CAD和科学应用的标准API，如今受到消费者欢迎，例如电脑游戏。

P

Per-Pixel Shading <独立像素阴影>：在像素水平计算光照效果的能力，巨大地提高了场景的精准与真实。使用NVIDIA的GeForce3图形处理器，游戏开发者现在可能习惯独立像素的作用。

Photoshop：由Adobe Systems研发的2D数字绘图程序。它是目前市场上最受欢迎的图像编辑程序。

Pixel <像素>：为"图像元素"的速记。一个像素是一个图形显示的最小元素或是一个被渲染图像的最小元素。

Polygon <多边形>：所有3D物体的积木（通常为三角形或矩形），被用于构成3D物体的表面和骨架。

R

Rendering <渲染>：从一个3D应用程序获取信息并作为一个最终图像显示的过程。

S

Shell <壳>：连接UV形成一个展开的面或壳。

T

Texel Density <纹理元素密度>：一个纹理贴图的最小单位，类似像素是一个被渲染图像的最小单位。

Texture <纹理>：一个图像文件(例如一个位图或一个GIF图形交换格式)，在3D场景中它被用于对物体表面增加复杂样式。

Texture Mapping <纹理贴图>：对3D模型的表面应用纹理模拟墙，天空等等的过程。纹理贴图可以使模型增添更多的现实主义色彩。

V

Vertex Snapping <顶点吸附>：在空间或沿着同一个轴距将顶点吸附到同一3D点上的一个方法。

Z

Z-buffer <Z-缓存>：被用于存储渲染对象的Z坐标或深度信息的显存区。一个像素的Z-缓存值决定它是否是在另一个像素的前或后。Z计算可防止在帧缓存中背景对象覆盖前景对象。

日本动画全史
——日本动画领先世界的奇迹

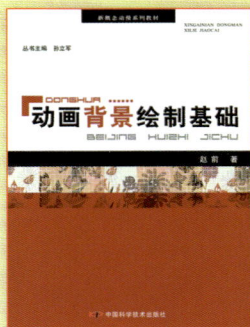

动画背景绘制基础

中外影视动漫名家讲坛

CARTOON
漫画创作技巧

CARTOON
日本漫画创作技法
——少女角色

CARTOON
日本漫画创作技法
——妖怪造型

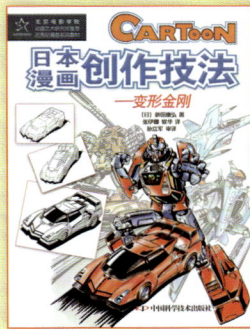

CARTOON
日本漫画创作技法
——变形金刚

CARTOON
日本漫画创作技法
——神奇幻想

CARTOON
日本漫画创作技法
——格斗动作

CARTOON
日本漫画创作技法
——色彩运用

CARTOON
日本漫画创作技法
——嘻哈文化

CARTOON
日本漫画创作技法
——肢体·表情

CARTOON
欧美漫画创作技法
——冒险世界

CARTOON
欧美漫画创作技法
——角色设计

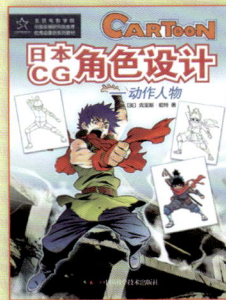

CARTOON
日本CG角色设计
——动作人物

优秀动漫游系列教材

　　本系列教材中的原创版由北京电影学院、北京大学、中央美术学院、中国人民大学、北京工商大学等高校的优秀教师执笔，从动漫游行业的实际需求出发，汇集国内最优秀的动漫游理念和教学经验，研发出一系列原创精品专业教材。引进版由日本、美国、英国、法国、德国、韩国、马来西亚等地的资深动漫游专业专家执笔，带来原汁原味的日式动漫及欧美卡通感觉。

　　本系列教材既包含动漫游创作基础理论知识，又融合了一线动漫游戏开发人员丰富的实战经验，以及市场最新的前沿技术知识，兼具严谨扎实的艺术专业性和贴近市场的实用性，以下为教材目录：

书　名	作　者
中外影视动漫名家讲坛	扶持动漫产业发展部际联席会议办公室　组织编写
中外影视导演名家讲坛	扶持动漫产业发展部际联席会议办公室　组织编写
动画设计稿	中央美术学院　晓　欧　舒　霄　等
Softimage 模型制作	中央美术学院　晓　欧　舒　霄　等
Softimage 动画短片制作	中央美术学院　晓　欧　舒　霄　等
角色动画——运用2D技术完善3D效果	[英]史蒂文·罗伯特
影视市场以案说法——影视市场法律要义及案例解析	北京电影学院　林晓霞　等
影视动画制片法务管理	上海东海职业技术学院　韩斌生
2D与3D人物情感动画制作	[美]赖斯·帕德鲁
动画设计师手册	[美]莱斯·帕德　等
Maya角色建模与动画	[美]特瑞拉·弗拉克斯曼
Flash 动画入门	[美]埃里克·葛雷布勒
二维手绘到CG动画	[美]安琪·琼斯　等
概念设计	[美]约瑟夫·康塞里克　等
动画专业入门1	郑俊皇　[韩]高庆日　[日]秋田孝宏
动画专业入门2	郑俊皇　[韩]高庆日　[日]秋田孝宏
动画制作流程实例	[法]卡里姆·特布日　等
动画故事板技巧	[马]史帝文·约那
Photoshop全掌握	[中国台湾]刘佳青　夏　娃
Illustrator平面与动画设计	[韩]崔连植　[中国台湾]陈数恩
Maya-Q版动画设计	中国台湾省岭东科大　苏英嘉　等
影视动画表演	北京电影学院　伍振国　齐小北
电视动画剧本创作	北京电影学院　葛　竞
日本动画全史	[日]山口康男
动画背景绘制基础	中国人民大学　赵　前
3D动画运动规律	北京工商大学　孙　进
影视动画制片	北京电影学院　卢　斌
交互式漫游动画——Virtools+3ds Max 虚拟技术整合	北京工商大学　罗建勤　张　明
Flash CS4 动画应用	北京工商大学　吴思淼
电子杂志设计与配色	北京工商大学　蒋永华

如需订购或投稿，请您填写以下信息，并按下方地址与我们联系。

联 系 人		联系地址	
学　　校		电　话	
专　　业		邮　箱	

★地　　址：北京市海淀区中关村南大街16号中国科学技术出版社
★邮政编码：100081　　　　★电　话：（010）62103145
★邮　　箱：bonnie_deng@163.com　　milipeach@126.com

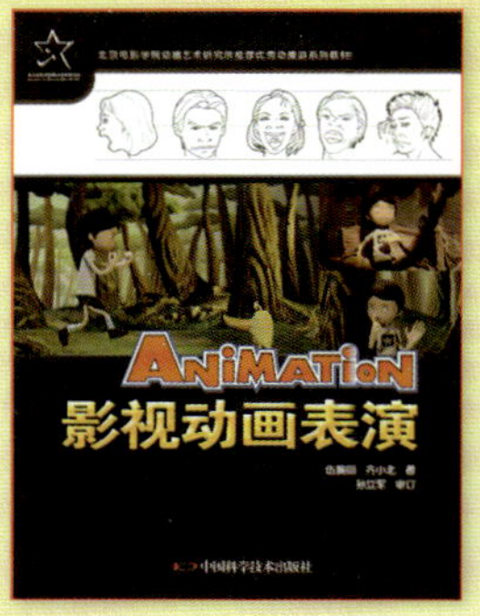

ANIMATION
影视动画表演

ANIMATION
Illustrator动画设计

ANIMATION
Maya-Q版动画设计

ANIMATION
动画制作流程实例

游戏制作人生存手册
GAME

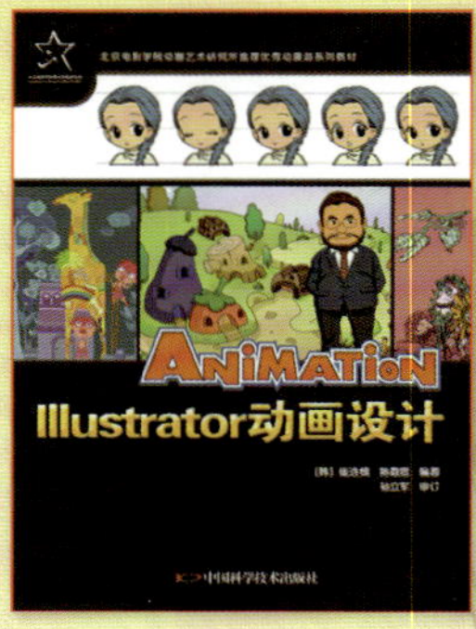

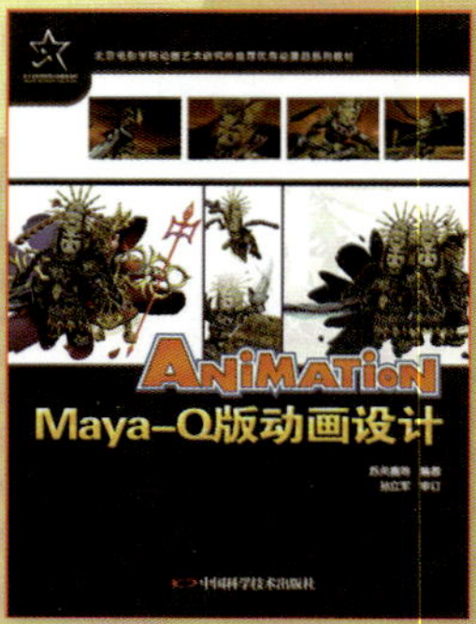

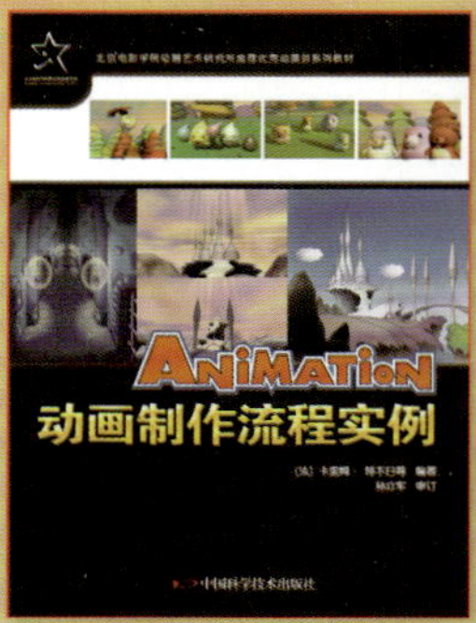

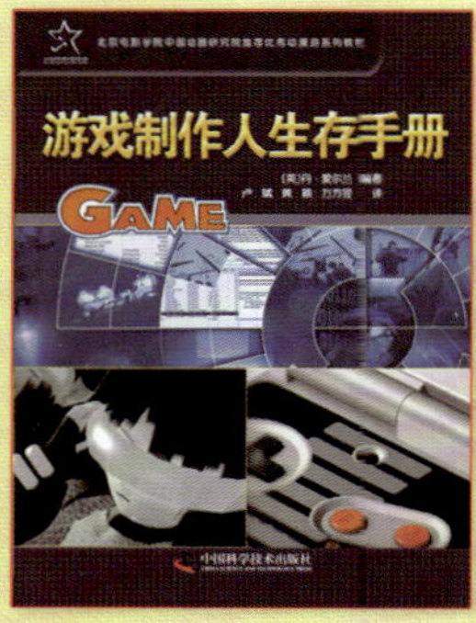

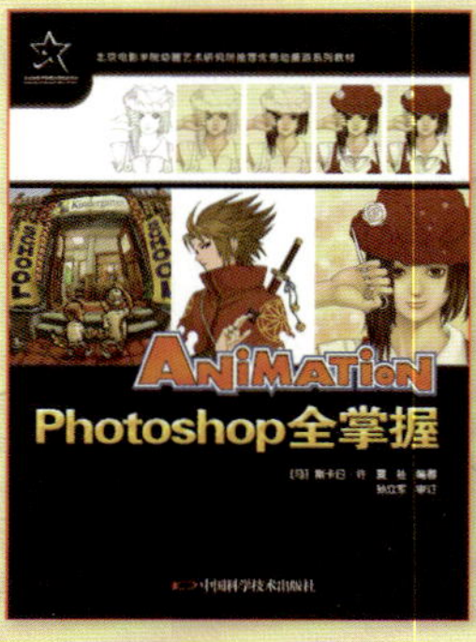

ANIMATION
Photoshop全掌握

北京电影学院动画艺术研究所推荐优秀动漫游系列教材
ANIMATION
Flash 动画入门
[美] 埃里克·葛雷布勒 编著
孙 哲 等译 孙立军 审订
中国科学技术出版社

ANIMATION
动画设计师手册

ANIMATION
2D与3D人物情感动画制作

3D游戏设计大全
（第二版）
GAME

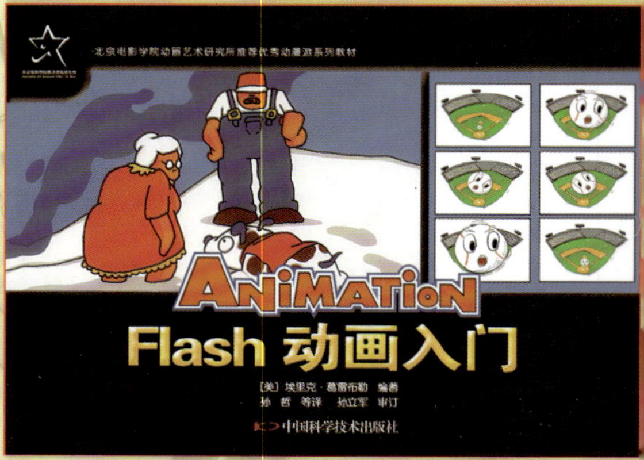

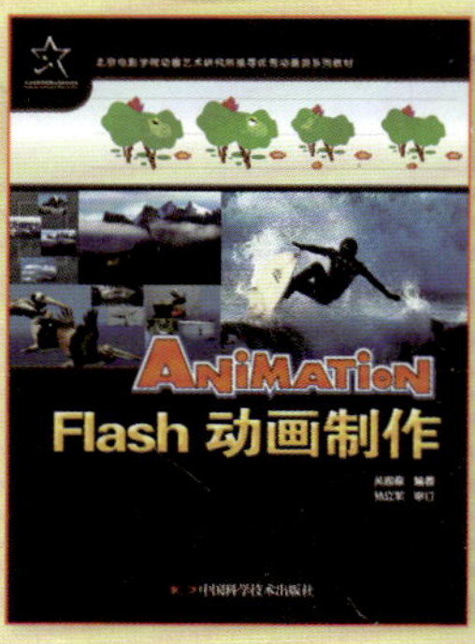

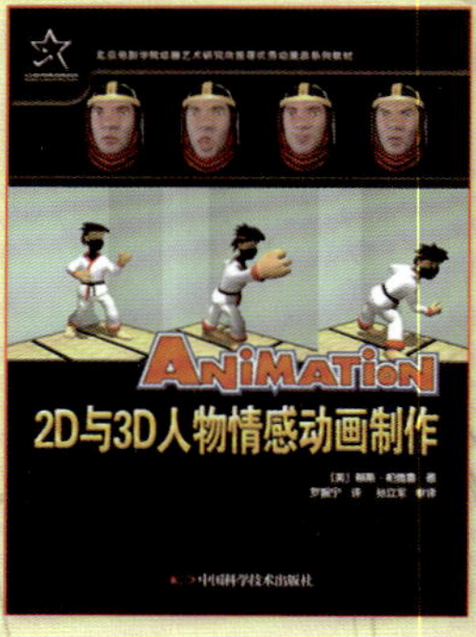

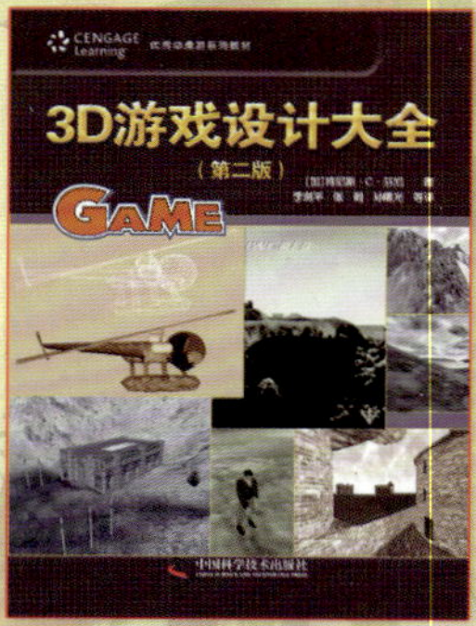

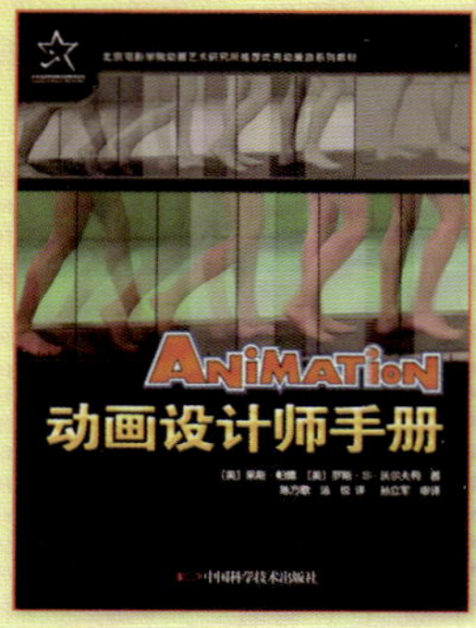

ANIMATION
Flash 动画制作

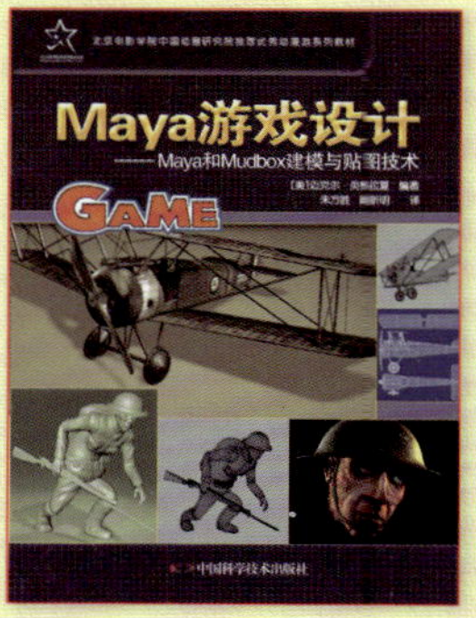

Maya游戏设计
——Maya和Mudbox建模与贴图技术
GAME

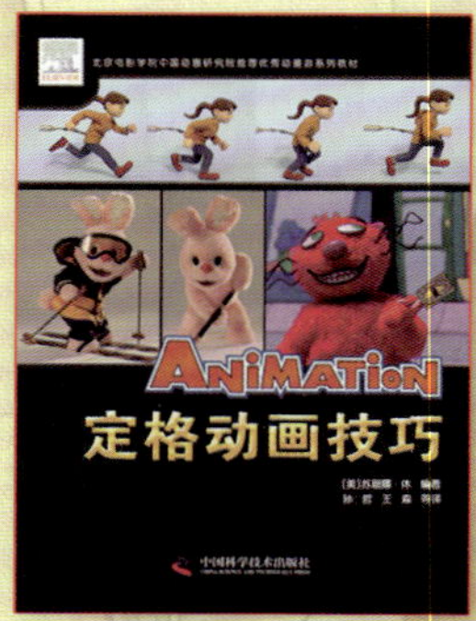

ANIMATION
定格动画技巧

ANIMATION
3D动画运动规律

ANIMATION
交互式漫游动画
——Virtools+3ds Max虚拟技术整合

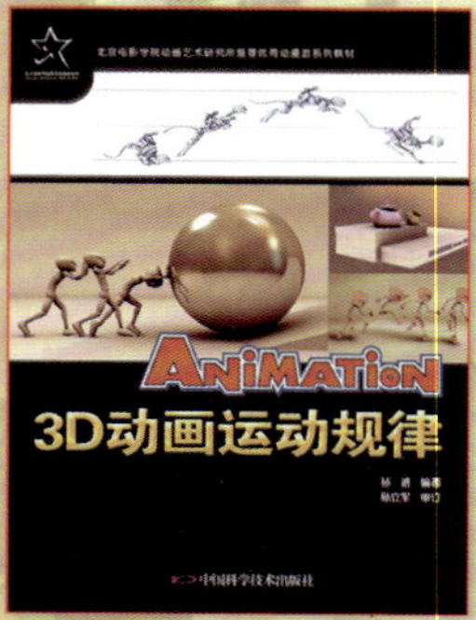

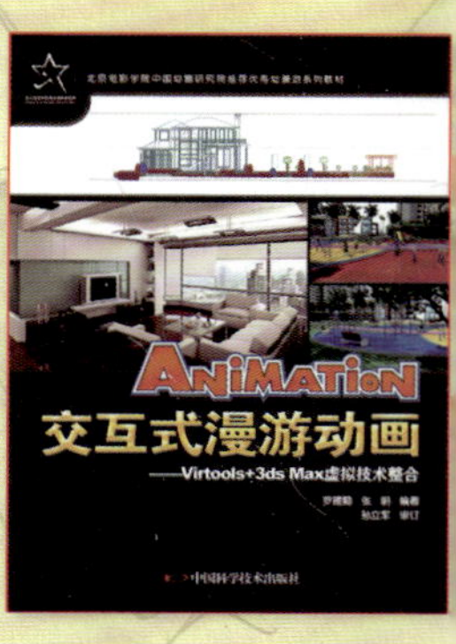